专业技术人员继续教育公需科目

职业道德和创新能力建设读本

ZHIYE DAODE HE CHUANGXIN NENGLI JIANSHE DUBEN

本书编写组　编著

本书编写组成员

学术顾问　霍　巍　李建国　操良利

主　　编　张　苹

副 主 编　柴剑峰　张　霞

编　　者　柴剑峰　李晓涛　操圣宁　张　霞

四川大学出版社

责任编辑:朱辅华
责任校对:龚娇梅
封面设计:墨创文化
责任印制:王　炜

图书在版编目(CIP)数据

职业道德和创新能力建设读本 /《职业道德和创新能力建设读本》编写组编著. —成都: 四川大学出版社, 2014.3
ISBN 978-7-5614-7573-7

Ⅰ.①职…　Ⅱ.①职…　Ⅲ.①技术干部-职业道德-四川省-学习参考资料②技术干部-创造力-能力培养-四川省-学习参考资料　Ⅳ.①G316

中国版本图书馆 CIP 数据核字 (2014) 第 052238 号

书名　**职业道德和创新能力建设读本**

编　　著	本书编写组
出　　版	四川大学出版社
地　　址	成都市一环路南一段 24 号 (610065)
发　　行	四川大学出版社
书　　号	ISBN 978-7-5614-7573-7
印　　刷	四川机投印务有限公司
成品尺寸	148 mm×210 mm
印　　张	7.375
字　　数	219 千字
版　　次	2014 年 4 月第 1 版
印　　次	2014 年 6 月第 2 次印刷
印　　数	3 001～8 000 册
定　　价	14.60 元

◆读者邮购本书,请与本社发行科联系。
电话:(028)85408408/(028)85401670/(028)85408023　邮政编码:610065
◆本社图书如有印装质量问题,请寄回出版社调换。
◆网址:http://www.scup.cn

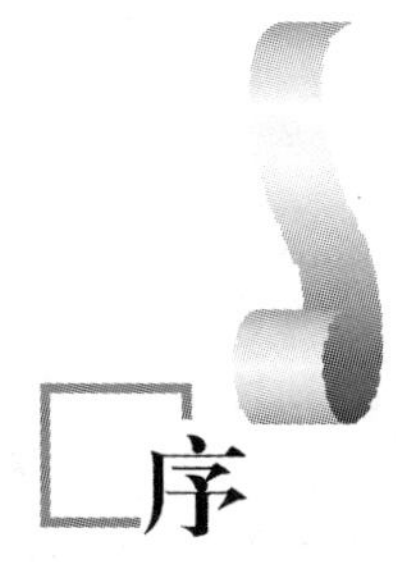

序

习近平同志在第四届全国杰出专业技术人才表彰大会上强调人才是兴国之本、富民之基、发展之源。他指出专业技术人才是我国人才队伍的骨干力量。广大专业技术人才要爱岗敬业，刻苦钻研，努力做科技创新的引领者、先进生产力的开拓者、先进文化的传播者。

2012 年 4 月，全国专业技术人才工作座谈会在成都召开，会议充分肯定了四川省人才队伍建设，尤其是专业技术人才队伍建设所取得的成就。人力资源和社会保障部副部长王晓初指出，四川省委、省政府高度重视人才工作，特别是近年来在实施人才强省战略中，突出重点，狠抓关键，积极探索，走在了全国前列，为西部各省（区、市）推动专业技术人才工作提供了五个方面的宝贵经验：一是坚持人才优先，人才队伍不断壮大；二是坚持整体开发，工作水平不断提高；三是坚持以用为本，人才环境不断优化；四是坚持创新机制，制度保障不断加强；五是坚持服务发展，人才效益不断显现。截至 2013 年底，四川省专业技术人才总量达 274.8 万人，初步打造了一支规模宏大、素质优良的专业技术人才队伍，为全省建设西部经济发展高地提供了坚实的人才支撑。

2014 年是贯彻落实《四川省专业技术人才队伍建设中长期发展规划（2011—2020）》，深入实施知识更新工程的关键之年。党的十八届三中全会胜利召开，做出了全面深化改革若干重大问题的决定，报告明确指出，全面深化改革需要有力的组织保障和人才支撑。

专业技术人才作为人才队伍骨干力量，其作用有效发挥至关重要。进一步加强专业技术人才队伍建设，要明确职业道德是基点，创新能力建设是核心，才由德显，德由才彰，德才兼备是人才队伍建设的两大着眼点，二者缺一不可。加强职业道德和创新能力建设，是实施专业技术人员知识更新工程的重要内容，是逐步建立全省专业技术人才职业道德标准体系和职业行为规范的重要措施。在当前和今后一段时期，四川省将处于工业化城镇化的加速期、建设西部经济发展高地的攻坚期、全面建设小康社会的关键期，这就要求我们力争把基础做牢、把产业做强、把城市做大、把科教做优、把民生做实。做好这一切的前提是必须把人才作为第一资源优先发展的战略地位和发展布局，以人才优先发展来推动经济社会发展，其重点是加强对专业技术人才的职业道德和创新能力建设，培养一大批高素质创新型复合型领军型人才。

为此，我们编写了《职业道德和创新能力建设读本》，旨在进一步教育和引导广大专业技术人员，自觉弘扬拼搏、创新、攀登、奉献的科学精神，严谨笃学、潜心钻研、淡泊名利、开拓进取，为四川省建设西部发展高地和西部人才高地，加快创新，实现“两个跨越”而努力奋斗！

本书编写组

2014 年 2 月

目录

上篇　职业道德篇

下篇　创新能力建设篇

绪论

以德才兼备的人才开发战略助推四川跨越发展

人才是最活跃的先进生产力，是科学发展的第一资源，是经济社会发展的战略要素。人才优势是最具潜力、最可持续、最能依靠的优势。自党的十六大以来，我国持续深入推进人才强国战略，人才对科学发展的支撑作用日益凸显，人才优先发展战略初现端倪，以人才优先发展引领和支撑经济社会又好又快发展的格局初步形成。随着经济、科技、教育水平的不断提高，我国的人才资源总量和质量都迅速提升，各类人才在改革开放和社会主义现代化建设中大显身手，为经济社会发展做出了重要贡献。同时，人才发展总体水平与世界先进水平相比尚有较大差距，与经济社会发展需要相比仍有诸多不适应之处，特别是高层次创新型人才匮乏，人才创新创业能力不强。

当前，中国要持续稳定发展的航船继续前行，就必须转变经济发展方式，必须由过度依赖物质资源消耗向依靠科技进步、劳动者素质提高、管理创新转变。这就要求必须进一步深入实施人才强国战略，更好地发挥人才的支撑引领作用，加强引进高素质创新型人才，实现人才开发重点由规模扩张向规模扩张与素质提升、能力建设并重转型。“才者，德之资也；德者，才之帅也。”德与才两者辩证统一，不可偏废。为此，从人才的培养、引进和使用三大环节必须尤其注重德才兼备的发展要求，以德才兼备的发展思路统领人才开发战略，最大限度地发挥人才的支撑引领作用，为经济社会发展提供最强有力的人才和智力支撑。

一、把握新一轮西部大开发的历史机遇

（一）强化人才资源综合能力建设，顺应国家发展战略机遇

对人才资源开发整体战略而言，职业道德建设是基点，能力建设是核心，两者缺一不可。十年前，第一次全国人才工作会议上通过了《中共中央国务院关于进一步加强人才工作的决定》（以下简称《决定》），首先响亮地提出人才资源能力建设的概念，要求把能力建设作为人才资源开发的主题，在提高全民思想道德素质、科学文化素质和健康素质的基础上，重点培养人的学习能力、实践能力，着力提高人的创新能力。其次，《决定》就如何提高人才的创新能力提出路径。根据各类人才的特点，制定人才资源能力建设标准，改革教育培训的机制、内容和方法，促使人才在实践中提升能力。第三，《决定》明确要求加强爱国主义、集体主义、社会主义教育，树立正确的世界观、人生观、价值观，发扬拼搏奉献精神、艰苦创业精神、团结协作精神和诚实守信精神，促进各类人才的全面发展。

2010年，我国颁布了第一个中长期人才发展规划纲要。纲要明确了当前和今后一个时期人才发展的指导方针，进一步突出了“高端引领、整体开发”的思路。高端引领就是要充分发挥高层次人才在经济社会发展和人才队伍建设中的引领作用。从实践来看，正是有了钱学森，才有我国航天事业今天的发展和人才济济的喜人局面；有了李四光，我国才摘掉了贫油的帽子；有了王选，我国印刷出版业才告别铅与火，迎来光与电；有了袁隆平，才有我国杂交水稻的高产稳产……整体开发须进一步注重理想信念教育和职业道德建设，培育高尚职业操守，发扬优秀传统道德，实现人才全方位发展。

（二）围绕能力建设优化四川人才强省战略，共创西部发展

四川省是中国西部地区的资源大省、人口大省、科技大省、文

化大省、经济大省，是西部最大的商品市场、生产要素市场和重要物资集散地，是推动西部经济社会发展的火车头，在新一轮西部大开发战略体系中具有极其重要的地位。四川省坚定不移地推进西部经济发展高地建设，在科学发展观指导下又好又快发展，紧跟全国发展步伐。支撑西部发展高地建设必须建立在西部人才高地的基础上，实现“三高、两优、一领先”，即人才数量密度高、人才专业素质高、人才产出效能高，人才队伍结构优、人才发展环境优，人才综合竞争力在西部领先，形成辐射周边、联动全国、融入世界的西部人才强省。新一轮的西部大开发需要人才战略引领，四川省跨越式发展需要更好地实施人才强省战略。同时，新一轮西部大开发的历史机遇也为人才开发提供了广阔的舞台，对人才的职业道德和专业能力提出了更高的要求，对创新型人才培养需求更加迫切。

四川省人才工作一直走在全国前列。从落实知识分子政策到推进科教兴川战略，从大力开发人才资源到加快人才资源向人才资本转变，从实施人才开发“双五”工程到建设西部人才高地，人才培养事业蓬勃发展并取得巨大成就。“一把手抓第一资源、第一生产力”、领导与高层次人才定期联系制等“四川经验”频频在全国推广。扎实的人才工作为人才战略转型发展提供了基础条件，新的起点也对人才能力和水平提出了更高的要求。同时，四川省也存在人才队伍整体素质不高、能力不强，高层次创新型人才比例偏低等亟待解决的问题，这一现状要求必须注重职业道德的提升和创新能力的培养。

（三）以人为本，牢固树立科学人才观，促进人才全面发展

科学人才观是科学发展观在人才工作中的生动体现。《决定》明确提出了科学人才观，即人才存在于人民群众之中。只要是具有一定的知识或技能，能够进行创造性劳动，为推进社会主义物质文明、政治文明、精神文明建设，在建设中国特色社会主义伟大事业中做出积极贡献的人，都是党和国家需要的人才。党的十八届三中全会要求“打破体制壁垒，扫除身份障碍，让人人都有成长成才、脱颖而出的通道，让各类人才都有施展才华的广阔天地”。可见，人人皆可成才，体现了马克思主义人民群众是历史创造者的唯物史观，彰显了科学发展观以人为本的核心理念。科学人才观强调以品德、知识、才能、业绩为标准，以社会承认、业内认可为主要依据，不唯学历、不唯职称、不唯资历、不唯身份。人才评价建立以业绩为重点，由品德、知识、能力等要素构成各类人才评价指标体系，强调职业道德和能力建设。

人才只有在服务经济社会发展中才能彰显个人价值。坚持以人为本的发展要求，就是坚持人是发展的基本动力，也是发展的根本目的，一切依靠人，一切为了人。提升创新创业能力，提高职业道德水平，是人才发挥基本动力的外在要求，也是人才全面发展的内在需要。在现代化建设的生动实践中努力前进，只有将人才的个人发展统一到中华民族的伟大复兴中，才能把人才的潜能和价值充分发挥出来，使其成为对祖国、对人民、对民族的有用之才。

二、当前人力资源能力建设的两大着眼点

才由德而显，德由才而彰。德才兼备是人力资源能力建设两大着眼点，也是构成人才的两翼。德一般是指道德，主要包括道德规范和道德品质。对专业技术人才而言，这里的“德”特指职业道德。职业道德是社会道德的主体部分，即人们在职业实践活动中逐步产生的不同行业的特殊的具体的道德要求，与人才的成长和发展有着直接的关系。职业道德的核心是为人民服务。能力对个人成才有着决定性的意义，每个人在成才过程中会根据发展需要，培养某种能力。因此，德才两者必须统一。人才总是要受到一定社会关系的制约，具有明显的时代特征。德与才也具有时代性。新时期的人力资源能力建设应践行社会主义核心价值体系，形成注重品行、科学发展、崇尚实干、重视基层、鼓励创新、群众公认的正确导向，最大限度整合两个因素，形成强大的合力。

（一）以德为先是人力资源能力建设的基点

“德”必须驭“才”，“才”必须从“德”。坚持德才兼备、以德为先的用人标准是保持马克思主义执政党先进性和纯洁性的根本要

求和重要保证。其一，以德为先是人才资源能力建设的基点。宋人司马光指出：“取人之术，苟不得圣人，君子而与之，与其得小人，不若得愚人。”为此，必须强化职业道德建设。德是才的统帅，决定着才发挥作用的方向；才是德的支撑，影响着德的作用大小。与才相比，德始终是第一位的。其二，职业道德对人才效能持续发挥具有重要意义。如果说业绩是当期表现，那么职业道德将是未来若干周期的重要影响因素。职业道德与人才激励相关，职业道德水平往往会极大地弥补激励的“失灵”。如与薪酬激励相比，核心价值观念、道德观念、精神观念等理念激励是一种柔性的“软力量”，具有相对稳定的、不易改变的特点，对人的行为具有长久的深入的影响作用。例如，通过编制《人才道德规范》《人才道德手册》，定期对人才道德进行评估（编制评估软件），建立《人才道德档案》，将对人才作用的发挥产生强大的推动作用。其三，职业道德可减少人才流失以及因知识产权而起的争议仲裁带来的损失。其四，德才兼备的人才典型示范效应明显，有利于营造“尊重劳动、尊重知识、尊重人才、尊重创造”的良好社会氛围。

具体而言，职业道德首先要看是否忠于党、忠于国家、忠于人民，是否将服务群众、奉献社会放在心中最高位置。其次，是否确立正确的世界观、事业观，是否真抓实干、敢于负责、锐意进取；一切从实际出发，说老实话、办老实事，埋头苦干；始终保持积极进取的精神状态。其三，是否爱岗敬业，诚实守信，办事公道。党的十七届四中全会提出了“以德为先”的用人标准的本质和核心，并作为选人用人的根本。党的十七届六中全会精神进一步明确了“德才兼备、以德为先”的用人标准。全国第二次人才工作会议提出建设德才兼备的人才队伍。但总体来看，现有人才培养、引进和使用中还需要进一步突出德才兼备引导。此外，党政人才强调得较多，其他各类人才重视不够。显然，与党政人才一样，各类人才也必须坚持人文精神与科学精神并举，科技与人文交叉渗透，以培育视野开阔、人格完善、崇德尚用、素质全面、社会急需的德才兼备人才，持续、有效地发挥人才的支撑引领作用。

（二）“高端引领”的指导方针要求进一步强化人才的创新能力

提升人才资源能力建设已被政界、商界和学界普遍认可。人才资源的能力建设，特别是创新能力得到充分重视。从第一次全国人才工作会议提出加强人力资源能力建设，到第二次全国人才工作会议提出高端引领的指导思想，再到人才中长期规划纲要都将突出培养造就创新型科技人才作为首要任务，可见政府越来越重视人才资源的能力建设。但总体来看，目前创新能力培养的模式、方法、途径、策略还有待完善，无法较好地回答令人振聋发聩的“钱学森之问”。无论是中央还是地方层面，创新型人才都是人才队伍建设中最为薄弱的一支队伍，创新能力建设是人才能力建设中亟待提高的一个环节。

高端引领是人才队伍建设的战略重点。通过遵循系统培养的人才开发规律，提升人才创新能力，可充分发挥高层次创新型人才在经济社会发展和人才队伍建设中的引领作用。人才队伍主要包括善于治国理政的领导人才，经营管理水平高、市场开拓能力强的优秀企业家，世界水平的科学家、科技领军人才、工程师和高水平的哲学社会科学专家、文学家、艺术家、教育家，技艺精湛的高技能人才，新农村建设带头人，以及职业化、专业化的高级社会工作人才。

三、坚持德才兼备　提高人才综合素质

“才者，德之资也；德者，才之帅也。”德与才，是辩证统一的两个方面，二者缺一不可。德是才的前提，是才发挥作用的保障，影响和制约才的发挥程度。才是德的工具，是实现目标的能力和本领，需要良好职业道德为支撑。实践证明，一支能干事、干成事的人才队伍，必定是一支德才兼备的人才队伍。这样的队伍具有饱含爱国热情、勇于追求真理的品格，具有作风务实、团结协作、积极改革创新、争创一流业绩的素质。

我党人才工作一贯坚持德才兼备的原则。在德才兼备原则指导下，我党培养造就、选拔任用了一大批优秀人才，取得了国家建

设、事业发展的巨大成就，人才队伍整体素质有了明显提升。选拔人才的标准则从“坚持学习科学文化与加强思想修养的统一”到“把品德、知识、能力和业绩作为衡量人才的主要标准”。但在这一过程中也存在一些问题，特别是经济体制深刻变革，社会结构深刻变动，利益格局深刻调整，思想观念深刻变化的背景下，人才队伍中责任缺失、信念动摇，世界观、人生观、价值观发生偏移的现象，仍在一定程度上存在。面对多元价值观念、多样利益诉求，如何把握好德与才的辩证关系，是人才工作新的时代考题。历史与现实反复证明，重才轻德，历来是用人的大忌。具备良好品德，才有忠于事业、为民服务的恒久动力；具备出色才干，才有胜任本职工作的专业技能。只有坚持德才兼备，人才队伍才能经受住各种考验，创造骄人的业绩。

国以才立，才以德先。坚持德才兼备，提高人才素质，要进一步教育和引导各类人才用现代科学文化知识和技能武装自己，在社会实践中锻炼自己，到党和人民需要、任务繁重、条件艰苦、矛盾突出的地方经受考验、积累经验；鼓励各类人才坚持求真务实、尊重客观规律，恪守科学精神、大胆探索创造，倾心本职岗位、注重工作实效，淡泊个人名利、无私奉献才能；激发各类人才提高内在动力。只有坚持德才兼备标准，把树立正确的世界观、人生观、价值观，弘扬爱国主义、集体主义、社会主义思想融入人才工作的全过程，才能形成一支党和人民信赖的高素质人才队伍，为全面建成小康社会、促进发展转型提供坚强的人才保证和智力支持。

上篇

职业道德篇

ZHIYEDAODE PIAN

第一章　职业道德概述

【本章要点】职业道德是道德建设的重要组成部分。职业道德的发展水平直接受社会整体道德状况制约，同时也有益于社会整体道德水平。了解和掌握职业道德的内涵、一般性特征，承继、弘扬传统美德，掌握和提升社会主义职业道德的内涵和特征，弄清职业道德对个人修养提高、职业道德与组织发展的关系，有助于社会主义核心价值体系建设和社会的可持续发展。

人类生存、社会发展，需要解决衣食住行等问题，需要有人从事各种社会劳动，如做工、务农、经商、从医、执教，等等。那么，什么叫“职业”呢？“职业”由“职”和“业”构成。“职”指职位、职责，“业”则指行业、事业。因此，“职业”一词包括三层意思：一是有工作，即有事可做，有事可为；二是有收入，获得工资或其他形式的经济报酬；三是有时间连续性。职业是公民参与社会分工，利用自身的体能、知识和技能，为社会创造物质财富和精神财富，获取合理报酬作为物质生活来源并满足精神生活需求的工作岗位。从上述对“职业”的定义中可见，职业包含了四层关系：一是个人与社会的关系。一个人从事某种职业就意味着参与了社会分工。对不同社会需求的职业分工，体现了个人与社会的关系，这也是职业结构的关系体现。二是知识技能与创造的关系。人们利用专业知识和技能来为社会创造物质财富和精神财富，由此有了职业的概念。三是创造财富和获得报酬的关系。只有你为社会创造了物质财富和精神财富，才有资格获得报酬，而且是获得合理报酬。四是工作和生活的关系。人们通过工作获得合理报酬，满足自己的物质生活需求和精神生活需求。

职业是人类社会发展到一定阶段，社会出现分工后的产物。在社会需求的推动下，新的职业不断产生；当社会不再需求时，旧的职业就会消亡。可以说，职业会随着科学技术和经济的发展而变化。对公民个人来说，职业意味着什么？一般而言，任一职业均具有三种主要功能：一是从业人员通过持续的职业活动，拥有相应经济收入，获取生活资源。从这一意义上说，职业是一种谋生手段。二是从业人员通过一定岗位的具体工作，为社会做出贡献，并借此完成自身的社会化。通过职业活动和扩展的职业交换，建立广泛的社会联系，实现与社会成员的交往，介入到更广阔的社会生活之中。从这一意义上说，职业是实现其社会价值的重要途径。三是从业人员可以掌握与本职工作相关的技能，通过在相关岗位的不断历练，成为某一行业的专家，满足个人的成就感和成功欲。从这一意义上说，职业是实现个人价值的渠道。但是，由于每个人参与职业活动的动机不同，更由于人们在认知水平和兴趣等方面的差异以及职业劳动本身的特点，个人对职业不同功能的看法会产生较大的差异。这些差异可以反映出职业在从业人员的生活中所处的地位以及其对职业的态度。

第一节　职业道德的内涵及特征

一、道德与公民道德

人类脱离了动物界，人就有了道德。早期原始社会，道德的萌芽便已产生。无论是原始社会的氏族群体还是近现代社会，为了共同的社会利益，社会成员之间都有约定的行为规范——社会道德。所谓社会道德或社会核心价值体系，即社会主流以自己的社会利益或需求系统为基础，对社会不同层面主客体之间的价值关系进行整合而形成的道德观念形态，集中体现为主流社会本体的愿望、要求、理想、需要、利益等。任何一个社会都会基于自身需要，提出自己的社会道德或社会核心价值体系。在中国古代，先秦典籍提出的“礼义廉耻，国之四维”之说就是典型代表。道德是随着社会经济不断发展变化而不断发展变化的，没有永恒不变的抽象的道德。在阶级社会和有阶级存在的社会，道德具有强烈的阶级性，统治阶级的道德是占统治地位的道德。一切剥削阶级所提倡的道德都是维护和巩固其统治的工具；无产阶级道德，即共产主义道德，是无产阶级和劳动人民利益的反映，是人类历史上最伟大最高尚的道德。

（一）道　德

在古汉语中，“道”“德”并非一词。“道”，从首从足，意为路径，与行字相通，故有“可行者为道”一说；后世经引申和演绎，一切可行、必行的“道理、规则、规矩”可称之为“道”。近代，“道”更具有了“规律、原则、规则或法则”的含义。“朝闻道，夕死可矣”。这里所谓的“道”，就包含为人、处事、治国、平天下的根本原则。而“德”字的使用和记载，最早见于商代甲骨文，其含义颇为广泛。西周大盂鼎铭文上的“德”字，为依礼法行事而有所得之意。《广雅·释诂三》曰：“德，得也。”意指“有所得”。故“德”与“得”意相近，此字在中国早期典籍中意为人对“道”的认识、实践之所得。故《老子》一书有“是以万物莫不尊道而贵德”的论述。显然，老子所言的“道”与“德”分别指代不同的两个概念。东汉学者许慎认为：“德，外得于人，内得于己也。”其中，“外得于人”意为“以善德施之他人，独乐乐不如众乐乐，使社会人人都能得到分享善德所带来的好处”；而“内得于己”，则理解为“以善念存诸心中，使身心互得其益”，实现本我的价值。后来，“德”字的含义逐渐与人的意识、心灵所得相联系，专指内心感悟。故有，“君子以制数度，议德行”“君子进德修业”。“道”“德”二字连用，始于荀子。在《荀子·劝学》中，“故学至乎礼而止矣，夫是之谓道德之极”。这句话的意思是如果人人都按“礼”的规定去做，那么就达到了道德的最高境界。总之，中国古代的道德概念，既有道德规范之意，也含个人品性修养之理。

在西方各国文字中，道德一词多源于拉丁文 moralis。该词的复数 mores 指风俗、习惯，单数 mos 指个人性格、品性。在西方的古代文化中，“道德”指风俗、习惯，也含有原则、规范、品质

及善恶评价的意思。在资本主义社会，资产阶级鼓吹超阶级的、虚伪的道德，把资产阶级的道德标准说成是全民的标准。马克思主义产生以前，一些思想家虽然从不同时代不同角度，探讨了道德、道德起源、道德原则、道德规范、道德理想、道德评价等问题，但由于历史条件和阶级的局限，都未能做出科学的解释。马克思主义从社会生产和生活的实践中，从无产阶级的立场和利益出发，才科学地解释了“道德”的含义。

道德是依靠内心信念、社会舆论、传统习惯和各种形式的教育力量，以善和恶、正义与非正义、公正与偏私、诚实与虚伪等为标准去评价人们的各种行为，调整人们之间的、个人与社会的各种关系，指导、控制人们的社会行为。道德是以某种意识形态为基础的人们共同生活且相互制约的行为准则和规范。道德评价没有成文的条律，而是通过社会舆论或者带有某种阶级性的意识形态宣传（大众传媒）对人们的社会行为进行规范、约束并建立社会秩序。可以说，道德就是其所在社会群体的不成文的规则。

道德包含着客观和主观两个方面的内容。道德的客观要求贯穿于社会生活的各个层面和领域，可表现为政治道德、职业道德、婚姻家庭道德和社会公共生活准则，等等。道德主观方面的内容则构成了社会道德的原则和规范。他通过道德教育和社会舆论，提高个人对道德理想和道德原则、规范的认识，从而形成个人的道德信念、道德习惯、道德风格和道德观。

中华民族是一个有传统美德的民族，中华民族的传统美德源远流长。其主要内容是：①父慈子孝，尊老爱幼；②立志勤学，持之以恒；③自强不息，勇于革新；④仁以待人，以礼敬人；⑤诚实守信，见利思义；⑥公忠为国，反抗外族侵略；⑦修身为本，严于律己。

社会主义道德的基本原则是：国家利益、集体利益和个人利益相结合的社会主义集体主义。它的核心内容是：①要求社会主义社会的每个公民，主动为全民尽义务，为国家做贡献；②要在保证国家整体利益的前提下，发扬国家利益、集体利益、个人利益相结合的社会主义集体主义精神；③当个人利益与集体利益、国家利益发生矛盾时，个人利益服从集体利益和国家利益，甚至不惜牺牲自己的生命来保护集体利益和国家利益。

道德观，就是在特定社会中生存、生活的个人对这种意识形态规则的认识和立场。道德是社会群体的共识，道德观则是个人对所在社会群体所共有的意识形态规则的认识。道德观在一定时期和一定范围内具有稳定性，而特定社会的“主流”道德观则是支撑社会秩序的基础之一。个人或群体对所生存的社会道德观的认识，会因观察角度、人生经历和受教育程度等的不同而产生差异。但总的来说，道德观是人们对自身、对他人、对社会、对世界所处关系的系统认识和看法，属于社会伦理的范畴。在不同的领域和层面，会产生相关的道德观——人口道德观、生态道德观、金融职业道德观、“英雄观”等。

（二）公民道德

公民道德属于道德范畴，也是社会主义道德体系的重要组成部分。公民道德建设是进行社会公德、职业道德和家庭美德建设的前提和条件。

个人品德是指人类个体以心理活动形式表现出来的道德观念、道德情感、道德行为和道德品质。公民个人品德与职业道德、社会公德、家庭美德有着极为紧密的联系。品德高尚的人，无论在工作、社会交往或家庭生活中都是一个好同志、好朋友、好父母或好子女；而品行不端的人，就可能在社会交往和家庭关系中做出有损于社会、家庭和他人的非道德行为或不道德行为。公民个人品德具有以下基本特点：

第一，公民个人品德具有认知与实践的一致性。认知是行动的先导，没有正确的认知，就无法形成良好的道德行为。人们只有掌握道德是非、善恶、美丑的标准，不断提高自己的认识判断能力，才会有正确的道德行为。实践是检验个人道德行为的标准。个人品德的形成是一个从实践到认识，又从认识到再实践的不断反复的过程。它强调言，更注重行，是认识和实践的统一体。雷锋、焦裕

禄、欧阳海、王进喜、孔繁森等一大批先进人物公而忘私、勇于献身，他们的言与行是社会主义道德认知与实践的完美结合，是社会主义道德建设的光辉楷模。

第二，公民个人品德的养成需要长期的耳濡目染、师教亲行、自我修养、自我实践。良好的道德品质是日积月累、逐渐养成的。古训“勿以恶小而为之，勿以善小而不为”“积善成德”说的就是这个道理。哲学家黑格尔也曾说“一个人做了这样或那样一件合乎伦理的事，还不能说他是有德的，只有当这种行为方式成为他性格的固定要素时，才可以说他是有德的”。

第三，公民个人品德的形成是一种意志的行动。个人品德不仅仅在于行为的积累和习惯的形成，更为重要的是，公民个人品德是有意志力的自觉选择。高尚的道德行为绝非一时冲动，而是习以为常的道德思维，一种意志凝结的产物。道德意志坚强的人，不会因客观环境和条件的变化而改变自己的道德信念，也不会因困难和挫折而自暴自弃。张海迪下身瘫痪，但仍以顽强的毅力坚持与病魔做斗争，自强自立，自学了大学医学、英语等课程，并以己所长坚持为周围群众看病、坚持文学创作和翻译，成为生活的强者。张海迪被誉为世纪之交的青年楷模，只有具有坚强意志的人才能拥有这样的品德。

第四，公民个人品德的养成具有社会性。人的道德品质是在诸多社会环境因素的综合影响下形成和发展起来的。古有孟母择邻而居，今有学生择校而习。家长们总想给孩子创造良好的学习环境，就是意识到环境对个人发展的重要性。个人品德的社会性特点，决定了进行品德教育是一项综合的社会性工程。

与个人品德的社会性既相矛盾又相联系的是个人品德的可变性。个人品德形成后具有一定的稳定性，但在一定的社会环境、教育条件和修养过程中又不断发生变化，存在向好和坏变化的可能。古人说“近朱者赤，近墨者黑”，现代人讲“学坏容易学好难”，都从不同的角度说明个人品德存在可变性。西晋有个名叫周处的人，年轻时横行乡里，被认为“纨绔不肖”，同山上猛虎、河里蛟龙一起被当地百姓称为“三害”。后来，他射虎屠蛟，勇于改过，积极为乡邻做好事，成为“浪子回头”的典范。

社会主义市场经济条件下的公民道德建设及其教育、实施的核心是社会主义核心价值观的确立，内涵由公民道德修养、公民道德操守和公民道德行为规范构成。公民道德的培养是一项艰巨而长期的工作，要通过宣讲、教育、学习、体会和实践来实施，通过“英雄”“达人”来启发、引导和感染，最关键的还是要激发公民内在向善的欲念，实现个人道德的升华，行有教养之事，做有教养的人。有效提升公民个人的道德素养是道德建设的核心，良好的个人道德品行，对提高公民整体素质、促进社会主义和谐社会发展和精神文明建设都具有重要作用。

二、职业道德的内涵

职业道德，就是同人们的职业活动紧密联系的符合职业特点要求的道德原则、道德规范和道德范畴（道德情操、道德品德等）的总和。它包括职业观念、职业情感、职业理想、职业态度、职业技能、职业良心、职业作风等多方面的内容。职业道德既是对从业人员在从事职业活动过程中的行为要求，又是对社会所负的道德责任与义务，是社会道德在职业领域中的具体体现。职业道德是职业品德、职业纪律、专业胜任能力及职业责任等方面的总称，属于自律范围。它通过公约、守则等形式对职业生活加以规范。孔子曾说：“道之以政，齐之以刑，民免而无耻；道之以德，齐之以礼，有耻且格。”也就是说，制度法令的确可以确保组织的运行，让人知道哪些可以做，哪些不能做。但制度法令终归难以面面俱到，人们可以钻制度法令的空子，可以做不合乎职业道德而制度未明确规范的事情。如果以职业道德规范来约束人的行为，教化人的思想，让人有羞耻之心，形成职业道德观念，当遇到不道德的事发生时，人就会有廉耻之心，会受到良心与社会舆论的谴责，会阻止违背职业道德行为的发生。这些都可以看作是职业道德对组织管理的深远影响及与组织管理制度关系的论述。

职业道德有如下含义：从内容上看，职业道德总是明确地表达职业义务、职业责任以及职业行为上的道德准则。它与一般社会道德有着密切的联系，但并非社会道德要求的那么笼统，而着重反映某一职业、行业乃至产业特殊利益的要求。因此，职业道德不是在一般意义上的社会实践基础上形成的，而是以特定的职业实践为基础，它往往表现为某一职业及其从业人员特有的道德传统和道德习惯。这种特有的道德传统、道德心理和道德准则，往往还会在这一职业中世代相传，造成与其他职业从业人员在道德表象上的差异，使人产生“隔行如隔山”的感觉。人们常说的“军人作风”“工人性格”“农民意识”“干部派头”“学生味”“学究气”或“商人习气”等，就是如此。

从表现形式上看，职业道德往往比较具体、灵活、多样。各种行业组织对从业人员的道德要求，总是从本职业活动内容、方式的实际出发，根据职业活动的组织内、外环境和具体条件来确定的。因而，职业道德往往不仅是原则性规定，而且还是具体、清晰且可操作性较强的条文。在表达上，职业道德通过制度、守则、公约、承诺、誓言、条例，以及标语、口号等多种形式出现，形式的灵活多样易于被从业人员接受、记忆，容易使从业人员形成职业道德习惯。1970 年 6 月，韩国政府颁布了《公务员服务规定》，其后进行了 12 次修订。韩国《公务员服务规定》将行政伦理基本要求系统化，并使之具有可操作性，有利于相关从业人员有效地接受、记住这些规定，并把这些规定视为自身的职业道德行为标准。

从调节的范围来看，职业道德既调整着从业人员的内部关系，加强行业内部的凝聚力；又改善着从业人员与服务对象（客户）之间的关系，塑造行业、从业人员的外部形象。各种行业为了维护组织利益，维护自己的职业信誉和职业尊严，不但要设法制定、巩固某些职业道德规范，调整组织内部间的相互关系，同时还要注意满足社会各个方面的需求，达到通过组织职业活动实现职业与社会各界需求关系和谐的目的。例如，医生的职业道德就要求医生不但要热爱自己的职业、提高医疗技术和诊断水平、尊重同行从业人员，而且还要发扬救死扶伤的精神，尽自己最大的努力，为患者解除疾病。

从产生的效果来看，职业道德既能使一定的社会道德原则“职业化”，又可使个人道德品质“成熟化”。职业道德虽是在特定的职业生活中形成的，但它并未脱离社会道德而独立存在。职业道德始终是在社会道德的制约和影响下存在和发展的；职业道德与社会道德之间的关系，就是特殊与一般、个性与共性之间的关系。任何一个领域的职业道德，都在不同程度上体现着社会道德的要求。同样，社会道德也通过职业道德的具体形式来表达特定诉求和意愿。

三、职业道德的产生及其基本特征

职业、职业道德是社会生产力发展、社会文明进步的产物。《周书》曰：“农不出则乏其食，工不出则乏其事，商不出则三宝绝，虞不出则财匮少，财匮少而山泽不辟矣。此四者，民所衣食之源也。”数千年来，正是一代又一代的人在职业岗位上勤奋工作、默默奉献，才创造了社会的物质财富和精神财富，促进了生产力的发展和社会的进步。

（一）职业道德的产生

职业产生于何时？目前难有一个准确答案。职业的产生源于人类社会发展的社会分工。社会分工不仅形成了“术有专攻”的劳动分工，而且导致了市场交易的产生，成为商品经济发展的社会基础。社会分工的优势是缩短了平均社会劳动时间，提高了生产效率，让能够提供优质高效劳动产品的人才在市场竞争中获得较高的利润和价值。这种人就是最早的“专业技术人才”。社会分工在职业领域最深刻的含义就表现为“人尽其才，物尽其用”。

职业是职业道德赖以产生的基础。在我国浩瀚丰富的古代典籍中，我们可以看到古人分别对“师德”“官德”“史德”“艺德”“武德”“医德”的丰富论述。诸如“为政以德，譬如北辰，居其所而众星共之”“温故而知新，可以为师矣”“师也者，教之以事而喻诸德者也”“夫为医之法，不得多语调笑，谈谑喧哗，道说是非，议

论人物，炫耀声名，訾毁诸医，自矜己德。偶然治瘥一病，则昂头戴面，而又自许之貌，谓天下无双，此医人之膏肓也”“是故非诚贾不得食于贾，非诚工不得食于工，非诚农不得食于农，非信士不得立于朝”等。

职业道德的出现，与社会分工的发展相联系。原始社会的大分工，是原始职业分工的雏形，包含了职业道德的萌芽。随着奴隶社会职业分工的日益发展，人们在职业活动中发生了各种各样的联系，为了调整不同职业内部、不同行业之间，以及每位从业人员之间的关系，便产生了职业道德。由于职业活动是人类最基本的实践活动，因而职业道德比婚姻家庭道德、社会公德更能反映一定社会、一定阶级的道德要求和道德面貌。在古希腊柏拉图的《理想国》和我国战国时的《周礼》《考工记》中就已提出了职业道德的规范。马克思主义认为：以一定的方式进行生产活动的个人，发生一定的社会关系和政治关系，一定的生活活动方式，就形成一定的职业活动。职业不同，也就形成不同的道德意识和道德行为。

（二）职业道德的基本特征

相对于一般社会道德，职业道德具有以下几个特征：

第一，职业道德是在特定的历史背景和职业环境中产生和发展的，常常形成世代相袭的职业传统和比较稳定的职业心理及习惯，具有较强的稳定性和连续性。

第二，职业道德具有鲜明的多样性和针对性。针对性是指职业道德反映特定的职业关系，具有特定职业的业务特征；其作用范围局限于特定的职业活动，只对从事特定职业的人具有约束力。多样性是指有多少种分工就有多少种职业道德。虽然道德的基本精神在最高的理论层次上，也是可以相通的，但不同的职业有不同的职业道德标准。例如，军人的职业道德，首先是无条件服从命令，勇往直前的杀敌精神，以及宁死于战场也不临阵脱逃或举手投降的英雄气概；医生的职业道德却在于全心全意救死扶伤；一个科学家的职业道德，无论其具有怎样的集体主义精神和协作精神，决没有必要把服从命令摆在第一位。职业道德在不同的职业之间有相通的时代精神，却又有互不相关的具体内容和要求。

第三，职业道德通常以规章制度、工作守则、服务公约、劳动规程、行为须知等形式表现出来，它的内容往往具体、客观，具有较强的可操作性和实践性，易于形成一种良好的职业道德习惯。

在这里，我们对道德的实践性略作说明，凡道德均有实践性特点，没有直接参加社会实践的人也可进行道德教育，如对儿童的道德教育。职业道德的实践性则不同，它是指存在于从事一定职业的人中间，对没有从事某个领域职业的人来说，该领域的职业道德就毫无价值，道德宣传教育就无从入手，接受者也很难明白这个领域的职业道德的作用和具体含义。因此，如果你没有参与到一种职业实践当中，无论你的愿望多么美好、接受能力多么惊人，职业道德规范和内容都无法实践。不是医生可以对医德作出评价，但不是医生就无法把医德用于自身。可见，离开具体的职业就没有职业道德可言。

第二节　社会主义职业道德

一、社会主义职业道德的基本特征

社会主义职业道德是指社会主义社会各行各业的劳动者在职业活动中必须共同遵守的基本行为准则。社会主义职业道德受社会主义道德伦理的影响和制约，也是社会主义道德在职业生活中的具体反映。社会主义社会的道德要求承继和弘扬中国传统伦理道德中的优良元素，因此呈现出一个复杂的、多层次相互交叉的道德规范结构。社会主义职业道德的基本特征体现在四个方面：

第一，社会主义职业道德是社会主义道德体系的有机组成部分。从内容上看，社会主义职业道德秉承了社会主义集体主义道德原则，倡导以“爱祖国、爱人民、爱劳动、爱科学、爱社会主义”和“以人为本”为基本内容的社会主义道德规范，吸纳和借鉴了其他优良的社会公共生活规则，包括“责任”“义务”“良心”“荣誉”“幸福”“正义”“价值”“善恶”等。从所涉及的范围或领域来看，

社会主义职业道德就是在职业范围内，社会主义道德具体的、特殊的道德规范，也就是社会主义道德在职业生活中的具体体现。

第二，社会主义职业道德的根本是为人民服务。社会主义社会消除了人与人之间剥削与被剥削的关系，这就在根本上使职业利益同整个社会的利益保持一致。由于各种职业都是社会主义事业的有机组成部分，因此，各行各业可以形成共同的道德要求。即将为人民服务作为职业工作的出发点，以满足公民需要作为自己职业行为的目的。简言之，社会主义职业道德把各种职业从业人员的利益同人民群众的利益有机统一起来，使职业道德服从于人民利益，构成了区别于以往各种职业道德的本质特征，也使得社会主义职业道德能够在调整从业人员与从业人员之间、从业人员与客户之间以及从业人员与社会之间的关系上，发挥前所未有的重要作用。因此，加强广大群众对社会主义的理解，使他们认清社会主义职业的性质和特点，了解本职业在社会主义发展中的地位和职责，是十分重要的。

第三，社会主义职业道德的核心是树立良好的劳动态度。在社会主义社会里，劳动是每个有劳动能力的公民应尽的义务和光荣职责；决定公民社会地位的不应该是金钱、出身、性别或职业，而应当是公民的个人能力、个人劳动及其对社会的贡献。劳动成为社会生活中重要的道德标准。职业道德所倡导的“热爱本职工作”和“恪尽职守”，其关键点就是要有良好的、积极的劳动态度。党和政府每年“五一”期间就会表彰“五一劳动奖章”获得者，每隔五年就会评选一次全国劳动模范和先进工作者；全国总工会每年都要表彰职业道德先进单位和先进个人。这些表彰就是对各行各业杰出劳动者的鼓励，就是对各条战线的劳动模范、先进工作者所体现的优秀的社会主义职业道德的肯定。

二、社会主义职业道德的核心内涵

《中共中央关于加强社会主义精神文明建设若干问题的决议》规定了当今各行各业的从业人员都应遵守的五项职业道德基本规

范——爱岗敬业、诚实守信、办事公道、服务群众、奉献社会。《公民道德建设实施纲要》强调："要大力倡导以爱岗敬业、诚实守信、办事公道、服务群众、奉献社会为主要内容的职业道德，鼓励人们在工作中做一个好的建设者。"这五项基本规范是社会各行各业践行社会主义职业道德的本质要求，具有鲜明的时代特征，"爱"与"责任"是贯穿其中的核心和灵魂。社会主义职业道德的核心内涵主要体现在以下方面：

（一）爱岗敬业

爱岗敬业作为最基本的职业道德规范，是对人们工作态度的一种普遍要求。爱岗就是热爱自己的工作岗位，热爱本职工作；敬业就是要用一种恭敬严肃的态度对待自己的工作。敬业可以分为两个层次：功利的层次和道德的层次。

爱岗敬业的最高要求是：投身于社会主义事业，把有限的生命投入到无限的为人民服务中去。爱岗敬业的具体要求主要是：树立职业理想、强化职业责任、提高职业技能。

职业理想是指人们对未来工作部门和工作种类的向往和对现行职业发展将达到什么水平、程度的憧憬。职业理想有三个层次：初级层次的职业理想表现为工作目的是为了维持自己家庭的生存，过安定的生活；中级层次的职业理想表现为通过特定的职业，施展个人的才智；高级层次的职业理想表现为工作的目的是承担社会义务，通过社会分工把自己的职业与为社会、为他人服务联系起来，与人类的前途和命运联系起来。职业责任是指人们在一定职业活动中所承担的特定的职责，它包括人们应该做的工作和应该承担的义务。职业活动是人一生中最基本的社会活动，职业责任是由社会分工决定的，是职业活动的中心，也是构成特定职业的基础，往往通过行政的甚至法律方式加以确定和维护。职业技能也称职业能力，是人们进行职业活动、履行职业责任的能力和手段（包括实际操作能力）。职业技能是发展自己和服务人民的基本条件。

爱岗敬业是对从业人员的基本要求。没有对岗位工作的爱心，缺乏对岗位工作的珍惜，从业人员的岗位责任就无从谈起，也就做

不好本职工作。

爱岗敬业的基础是遵纪守法。遵纪守法是爱岗敬业的思想指导，爱岗敬业是遵纪守法在职业生涯中个人能力素质的客观反映。有的从业人员能够做到遵纪守法，但对岗位工作存在消极的态度，对工作提不起兴趣，懒散，觉得没事做正好，总认为自己工资太少。这些人是守法公民，却很难被认定为一个合格的从业人员。而一些人，职业技能熟练，工作十分投入，想方设法地完成、完善岗位任务，对职业纪律不置可否，缺乏应有的法制观念，这样就会出现严重违纪或违法行为。这样的从业人员也很难说是合格的从业人员。

前几年发生在某电视台体育栏目的一件事，在社会上引起很大反响，引人深思。这个电视台的一位体育节目解说员，专业技能强，工作时激情四射，主持的节目颇受观众喜爱。某次直播世界杯足球十六强赛Y队对垒A队时，双方踢满90分钟未果，最后补时阶段，球队、观众都很紧张，Y队最终凭借一记漂亮的点球制胜。这时电视频道里突然传来这位解说员狂呼："伟大的Y国，伟大的Y队左后位……今天生日快乐，Y国万岁！"解说员情不自禁的这句"Y国万岁"引发了社会舆论的激烈争论，各大传媒纷纷撰文评论表示，作为社会舆论的引导者，怎么可以在媒体上呼出"Y国万岁"这种纯情绪化的口号呢？赛后，这位解说员接受采访时解释说："我是人，不是机器。"

不错，解说员也是人，他的行为没有违反国家法律法规，解说得十分投入，也颇为引人入胜。作为普通公民，他的行为无可厚非——个人激情需要释放，体育本身也需要激情。但从职业道德的角度来分析，作为广播电视业的从业人员，解说员现场解说行为当属职业行为。解说时，立场应客观公正、不偏不倚。媒体从业人员在工作中不应表现个人的喜好倾向，因为这一行为代表着国家话语的尊严和态度。

（二）诚实守信

诚实守信是市场经济法则。诚，就是真实不欺，尤其是不自欺，主要是个人内在品德；信，就是真心实意地遵守、履行诺言，特别是注意不欺人，主要是处理人际关系的准则和行为。“诚”“信”二者的关系是：诚实是守信的心理品格基础，也是守信表现的品质；守信是诚实品格必然导致的行为，也是诚实与否的判断依据和标准。诚实守信作为一种职业道德就是指真实无欺、遵守承诺和契约的品德和行为。

诚信是我们立身处世的根本要求。做人要讲究诚信，古今中外，皆出一理。《中庸》说：“诚者，人之道也。”《增广贤文》曰：“一言既出，驷马难追。”欧洲文艺复兴时期，布鲁诺把诚信列为人生众美德之首。传统伦理道德的“诚信”是忠诚、有信义的概括说法，诚信要求诚善于心、言行一致。在传统道德中，诚信受到广泛的重视，被视为“进德修业之本”“立人之道”“立政之本”，认为“民无信不立”，由朋友伦理、交际伦理的基本规范，进而扩展到一切伦理关系都要以诚信为本。总之，传统伦理道德十分重视和肯定“诚信”的经世致用，强调无论上下左右各种关系，诚信之德都在于言行一致，表里如一，真实好善，博济于民。

传统道德“诚信”的核心包括三个层面，首先是讲信用、守合约。清末人徐珂在《清稗类钞·敬信类》中记载了“蔡勉坚还亡友财”的故事。蔡勉在人死无对证的情况下还坚持发还亡友寄托的千两黄金，可谓守信于心。其次是耿直不欺，即不欺人、不欺己、不欺心。司马迁宁受宫刑也要坚持以史实写《史记》，为了忠实于历史真相，他不畏权贵，甚至不惜牺牲自己的生命。最后是重义。诚信不仅要信于约，更要信于义。无论是柳宗元所著《柳河东集·宋清传》中“善药宋清焚债券”的故事，还是《古今图书集成·医部全录·医术名流列传》中“李台春治病不问值”的事迹，都说明他们的信不在合约，而在于心中之义。这是诚信无欺的最高境界，也是一切职业道德的最终归结点。当然，在现代经济活动中，我们不能片面地提倡这种带有理想主义的“君子协定”，更不能以此取代经济合同。但是，在遵守合同的基础上自觉地取信于义、诚信无欺，仍然是现代职业道德的要求。

诚实守信是从业之要。从个人角度讲是个体品德、人格问题，只关系到个人成长、心理健康和人格完善。从个人与他人、与社会的关系角度来讲，关系到社会的信任和稳定问题。

诚实守信的具体要求是：忠诚所属组织、维护组织信誉、保守组织秘密。忠诚所属组织就是心中始终有组织，总是把组织的兴衰成败与自己的发展联系起来，愿意为组织的兴旺发达贡献自己的一份力量。维护组织信誉就是从产品质量、服务质量、信守承诺这三个方面着手，身体力行自觉维护组织信誉。保守组织秘密就是有关企业的信息、资料和成果，应对直接上级领导全部公开，但不得向其他任何单位或个人公开或透露。

拥有良好的信用就会在社会交往中处于有利地位，进而赢得市场并获得生存的空间。良好的信用不仅是组织、地区乃至国家的无形财富，也是从业人员个人的无形资产。这种无形资产作为一种特殊的资源，甚至比有形资产更珍贵。一个国家，缺少资金，可以借贷；但缺少信用，就无从借贷，就只能在经济全球化、一体化的激烈的国际竞争中被淘汰。2012 年，在世界经济增长总体放慢的情况下，中国经济仍然保持较高的增长势头，其国内生产总值（GDP）仍保持 7.6%左右的增长速度，是世界平均增长数的 3 倍，是发展中国家的 2 倍，是发达国家的 4 倍。中国已经取代英国成为世界上仅次于美国的第二大投资场所。各国都把中国看成是世界上最具投资魅力的国家。这其中的原因很多，但是有一条不可忽略，那就是作为礼仪之邦，中国政府在国际交往中的许多重大问题上处事公平、说话算数，能够取信于世界。

（三）办事公道

办事公道就是指我们在办事情、处理问题时，要站在公正的立场上，对当事双方公平合理、不偏不倚，不论对谁都按照一个标准办事。

随着现代社会市场经济的发展，对外交往日益频繁，人际关系也越来越复杂，常常会出现一些难以处理的情况。例如，在明知自己做错了事而又可以诿过自保的情况下该怎么办？如何处理与自己有不同意见或不同处事原则的同事间的关系？社会主义职业道德提倡从业人员“严于律己、宽以待人”。这在本质上是一种力行道义、心怀宽广、情操美好的人格特质。这种道德人格自身刚正，方能办事公道、处事公平，自然能够感人服众，进而扶持社会正气，促进群体和谐。可以说办事公道是职业道德中正确处理各种复杂人际关系的准则，也是组织和个人进入社会、赢得市场的通行证，并通过日积月累建立良好的信用。

办事公道还是抵制行业不正之风的重要手段。行业不正之风，是指国家机关和公用事业单位及其工作人员，利用行业特权或工作职权之便牟取私利的违反职业道德的行为；行业不正之风，是行业从业人员凭借工作和职业的便利条件、优势，利用特殊手段，以权力谋取不正当利益。这些都是损害国家行政和行业建设的恶疾，其影响之深、危害之烈、顽固性之强。只有坚持办事公道，才能抵制行业不正之风，从而维护良好的社会软环境。

办事公道的具体要求是：坚持真理，公私分明，公平公正，光明磊落。坚持真理必须做到在大是大非、腐朽思想等面前立场坚定，要照章办事，按原则办事，敢于说“不”。公私分明原意是指要把社会整体利益、集体利益与个人私利明确地区别开来，不以个人私利损害集体利益。职业实践中，公利分明是指不能凭借自己手中的职权谋取个人私利，损害社会利益和他人利益；公平公正是指按照原则办事，处理事情合情合理，不徇私情；光明磊落是指做人做事没有私心，襟怀坦白，行为正派。

（四）服务群众

服务群众就是为人民群众服务。服务群众表明了我们的职业与人民群众的关系，表明了我们工作的主要服务对象是人民群众。我们应当依靠人民群众，时时刻刻为群众着想，急群众所急，忧群众所忧，乐群众所乐。服务群众是党的群众路线在社会主义职业道德中的具体表现，也是社会主义职业道德与以往私有制社会职业道德的根本分水岭。

服务群众是对所有从业人员的要求。在社会主义社会，每位从

业人员都是群众中的一员，既是为别人服务的主体，又是别人服务的对象。每个人都有权享受他人的职业服务，同时又承担着为他人尽职业服务的义务。因此，服务群众作为职业道德，不仅仅是对领导及公务员的要求，也是对所有从业人员的要求。

服务群众，就是要增强全心全意为人民服务的观念，进一步改进职业作风，培养为公民服务、为群众服务的意识。在职业实践中从业人员要进一步提高组织群众、宣传群众、教育群众、服务群众的本领，真正做到职业诚信、职业务实和职业为民。在职业实践中，从业人员要在解决被服务者亟待解决的问题上下工夫，把是否解决了群众反映强烈、通过努力能够解决的突出问题和群众是否感到满意作为衡量职业行为是否取得成效的客观标准。

服务群众，就是要增强为民服务的职业责任感，确保职业行为、职业活动和行业营运的全面协调可持续发展。应将民生工程放在首位，切忌追求单一经济指标，要促进“双赢”，实现职业道德环境的可持续发展，不断提高个人和组织的凝聚力、战斗力、创造力。

服务群众，就是要牢固树立以人为本、为民服务的理念，养成密切联系群众、积极为群众办事的作风，形成敬民、爱民、为民的敬业精神。要深入开展以“问需于民、问计于民、问政于民，解民需、解民忧、解民怨、解民困”为主要内容的“三问四解”活动，并搞好群众评议工作。

（五）奉献社会

奉献社会是社会主义职业道德中的最高境界，体现了社会主义职业道德的最高目标和最终目的。爱岗敬业、诚实守信、办事公道、服务群众，都体现了奉献社会的精神。奉献，就是不期望等价的回报和酬劳，而愿意为他人、为社会或为真理、为正义献出自己的力量，包括宝贵的生命。在职业活动中，它要求各行各业的从业人员能够在工作中不计较个人得失和名利，不以追求报酬为劳动和付出的最终目的。一个人不论从事什么行业的工作，不论在什么岗位，都可以做到奉献社会。奉献社会不仅要有明确的信念，而且要有崇高的行动。奉献社会的精神主要强调的是一种忘我的全身心投入精神。当一个人专注于某种事业时，他关注的是这一事业对人类、对社会的意义。他为此而兢兢业业、任劳任怨、不计较个人得失，甚至不惜献出自己的生命。这就是伟大的奉献社会的精神。

圣·弗朗西斯说过一句话："索取使人疏远，奉献促进团结。"奉献有助于个人的发展，有助于从业人员之间的团结，有助于一个组织、一个企业的发展。一份薪水，一个工作岗位，不仅是一个人赖以生存和发展的基础，也是人类社会存在和发展的需要。在自己的工作岗位上认真做好每件事，就是对社会的奉献。

美国一位著名总裁曾经告诫自己的员工说："要么奉献，要么走人。"不论你是哪一级从业人员都必须要在其位谋其事，不要懈怠自己的工作与职责。这位总裁在位期间从来不愿意看到他的员工在工作中悠然自得，更容不得他的员工在他的面前找一些理由来搪塞自己的过失。

其实，奉献不难做到，奉献就在身边。在日常生活中，我们每个人无论身居何职，都在有意无意地自我奉献着，也在不知不觉中享受着他人奉献的成果。奉献并非是高不可攀的境界，它主要体现的是给予者的态度。我们倡导奉献精神，旨在唤醒人们心底的勤勉、善良、友爱。构筑美好社会，离不开每个人的努力，我们每个人都应该从我做起，在各自的岗位上恪尽职守，兢兢业业，这就是最好的奉献。

每位从业人员都有进行主动性行为的选择，因此每个人都可以成为奉献的主体。奉献行为是属于每一位公民的，而不是专属于某位模范代表或英雄人物。奉献应是一种主动自愿的、不计回报的行为，把奉献精神落实到具体行动上，最经常、最广泛也是最有效的途径就是自觉主动地在本职岗位上尽职尽责。

对职场从业人员来讲，当你正确地认识了自身价值和能力以及社会责任时，当你对自己的工作有兴趣并且感到个人潜力得到发挥时，你就会产生一种积极的工作态度，把自觉自愿承担的种种义务看作是"应该做的"，并产生一种巨大的精神动力。即使在条件比

较差的情况下，也不会放松对自己的要求，反而会更加积极主动地提高自己的各种能力，创造性地完成自己的工作。这就是对社会的“奉献”。

此外，随着时代的发展与社会主义市场经济体制的建立和改革开放的不断深化，社会主义职业道德的内涵也因此不断得到丰富。在这里，我们要强调两个新内容：求是创新，追求卓越；团结互助，善于沟通。

“求是”或“求知”是人类获得知识或技能的基础。创新是指人们为了发展的需要，通过已知的信息，不为突破常规，发现或产生某种新颖、独特的有社会价值或个人价值的新事物、新思想的活动。创新的本质是突破，即突破旧的思维定式，旧的常规戒律。它追求新异、独特、最佳、强势，并必须有益于人类的幸福、社会的进步。创新活动的核心是新。创新在实践活动中的表现为“开拓性”。创新，在一定意义上，是人类思维区别于其他动物的特殊能力，是人类的思维能力发展的结果。然而，创新不是随意臆造。创新是人类在已知知识的基础上，或者说在“求是”或“求知”的基础上，举一反三所进行的。求是与创新具有客体的一致性。同时，求是与创新表现了人类思维的主观能动性；人类的主观能动性体现为求是与创新的目的统一——都是人们有意识地去对事物做的认识、研究、考察等。求是与创新都需要在实践中进行，其科学性最终也有待于实践的检验。因此，实事求是与知识创新都是主观与客观的统一，二者最终统一于人类的实践。创新是高层面的求是。要想获得事物在当前时空中科学的、全面的认识，就必须解放思想，抛弃原有的关于事物的局限性认识，实事求是地接受、开拓新的事物。

建设有中国特色的社会主义社会是前无古人的全新事业，企业在市场经济条件下竞争和发展、从业人员自身成长及个人价值的体现，都没有现成的公式可套，更无成功的模式照搬。无论身居何种职位，都必须实事求是、积极探索、勇于创新。要开创社会、组织或个人新的事业，其方法、道路和手段都需要到实践中去艰苦探索，去“求”才能获得“是”，才能有“创新”。

团结互助、善于沟通同样是社会主义职业道德新的要求，是各项事业取得成功的基本保障，还是处理职业内部人与人之间、协作单位之间，以及部分利益和整体利益、局部利益和全局利益间相互关系的原则和方法。

人类历史的发展，社会的进步，都是通过不同协作方式劳作的结果。社会分工使得人类生产活动必须要许多人结合在一起来共同完成社会生产。职业劳动活动是个体的，但同时也是社会的；它需要集体的智慧和力量，需要劳动者密切沟通，齐心协力，共同奋斗。现代生产力和科学技术的发展使社会的各个行业、部门、企业形成一个相互联系、相互依赖的有机整体。一个稍微复杂的产品，往往要经过几十道、上百道甚至成千上万道工序的合作、配合才能完成。任何一道工序出了差错，就会影响整个生产。以科学研究领域为例，从1901—1972年，在荣获诺贝尔奖的286位科学家中，有三分之二以上的人，即185人，是通过与别人合作研究取得成功的。在诺贝尔奖设立的第一个25年中，合作获奖的占40%；在第二个25年中，占65%；而第三个25年中，这个比例上升到99%。科学的发展使得各学科之间的关系越来越密切，很多科研项目不依靠集体的团结协作而仅靠个人的力量几乎是不可能完成的。

团结互助、善于沟通是社会主义的集体主义原则在职业活动中的具体体现。集体主义要求人们正确对待和处理社会主义条件下个人利益同国家利益、集体利益之间的关系。在职业活动中，遵循这一职业道德精神能极大地激发劳动者的生产积极性和创造性，改善劳动者的精神面貌，提高劳动者的素质，从而推动单位、部门的工作。中国南极考察队有519名队员，来自全国60多个单位，在执行考察任务的过程中各司其职，都有自己的任务，但考察队却是一个顾大局、讲沟通、讲协作、井然有序的战斗集体。队员们时时事事处处讲友谊、讲风格、讲谅解，建立起患难相依、甘苦与共、互相勉励、团结协作的关系，仅用一个半月的时间就顺利地建成了中国南极长城站。只有发扬团结协作、顾全大局的精神，才能形成职

业与行业环境中良好的道德气氛，提高从业人员的劳动积极性，从而保证社会主义现代化建设各项事业的顺利进行。

团结互助、善于沟通是从业人员个人获得职业成就的必备条件。“一个篱笆三个桩，一个好汉三个帮”说的就是这个道理。1990年12月，美国“生物圈Ⅱ号”实验室进行了为期两年的科学实验活动。这项科学实验集中了来自世界各地的8名优秀科学家，组成研究小组进行科学实验。这8名科学家从事着不同领域的科学研究，但在这个项目里，他们团结协作，沟通配合，共同致力于旨在为将来在别的星球上建立永久性生存空间站提供科学依据的研究。可见，能否养成团结协作、善于沟通的良好习惯，对实现人生价值、对个人取得职业成就是至关重要的。

第三节 职业道德与个人修养

人的一生是一个不断学习和不断提高的过程，因而也是一个不断修养的过程。所谓修养，就是人们为了在理论、知识、思想、道德品质等方面达到一定的水平所进行的自我教育、自我改善、自我提高的活动过程。修养是人们提高科学文化水平和道德品质必不可少的手段。所谓职业道德修养就是指从事各种职业活动的人员，按照职业道德基本原则和规范，在职业活动中所进行的自我教育、自我锻炼、自我改造和自我完善，使自己形成良好职业道德品质和达到一定的职业道德境界。

一、职业道德与个人修养的关系

做好一份普通的工作，需要有职业道德；对担任事业骨干的专业技术人员来说更是如此。职业道德的好坏，不仅关乎着自己的职业生涯发展，而且对其组织单位的发展也至关重要。个人职业道德高尚与否取决于个人修养的高低。个人修养是指个人知识、艺术、思想等方面的水平，通常也是个人综合能力与素质的体现。个人修养会在职业生涯中不断充实，其职业道德水平也会不断提高。个人职业道德的提升，特别是专业技术人才个人职业道德提升的着力点主要有以下四个要素：

第一，责任感。责任感是做人最基本的生活态度，是事业取得成功的第一要素，也是一种积极的生活态度，是一个人成熟的标志。无论对任何人，生命都仅有一次。生命到底有什么意义？有责任感的人对这个问题的回答是，通过自己的努力，给自己的生活赋予意义，给社会创造价值，给他人带来福音。

第二，判断力。判断力是对事物做出判断和决策的能力。人生最重要的首先是选择做什么，然后才是怎么做。一个人确定自己的工作目标的过程，也叫职业生涯的自我设计。在这个过程中，他必须对自身条件和外部环境作出综合认识和客观判断。一个人成功与否，不仅取决于他流了多少血汗，还在于他的努力方向是否正确。每一个人都有自己独特的条件，所谓“天生我才必有用”，只有找到适合自己才能和兴趣的工作，才能发挥人的最大潜能。

第三，自制力。自制力是个人自己控制自己、管理自己的能力。在目标确立之后，一个人能够在多大程度上实现目标，取决于他自制力的高低。凡欲成大事，必先克己。人们的欲望多种多样，没有欲望，就没有活力。有些欲望是前进的动力，如求知欲、成功欲；有些欲望则会分散人的精力，如一味沉迷于物质与感官的享乐等。能否合理地追求目标，排除不良欲望对工作的干扰，是职业生涯顺畅与否的保障。凡是在事业上取得重要成就的人，无一不是有高度自制力并专注于事业的人。

第四，亲和力。亲和力是处理人际关系的协调能力，通俗的说法是团结协作精神。“1+1”不但可以等于2，还可以大于2，即总体大于部分之和，这就是人类社会分工合作带来的奇迹。有高度个人职业道德修养的人，大都能以事业大局为重，能够搞好团结协作。诚信、公正、大度、达观、换位思考、集思广益等，都是亲和力非常重要的组成元素。当然要形成良好的亲和力，还有一些具体的行为来达成。比如，如何耐心倾听别人的意见？如何正确表达自己的看法？亲和不是附和别人的思想，抹杀自己的个性，一味迁就

求同。孔子说，“君子和而不同，小人同而不和。”这就是说真正的亲和力是使个人既可以保持自己独立的个性和思想，同时还能够保持整体与团队的融洽与和谐。在职业生涯中，不仅需要从业人员有独立而正确的思想、观点、方法，还需要整个团队齐心合力来共同努力奋斗。因此，每位从业人员都需要掌握表达、说服、影响别人的技巧和方法来展示自身的亲和力。

职业道德修养是一个从业人员头脑中进行的两种不同思想的斗争，用儒家的话来说就是“内省”，也就是自己同自己斗争。正是由于这一特点，从业人员必须随时随地认真培养自己的道德情感，充分发挥思想道德上正确方面的主导作用，促使“为他”的职业道德观念去战胜“为己”的职业道德观念。只有认真检查自己的言论和行动，改正一切不符合社会主义职业道德的东西，才能不断提高自己的职业道德水平。

二、个人职业道德修养的培养

职业道德修养是一个从业人员形成良好的职业道德品质的基础和内在因素。一个从业人员只知道什么是职业道德规范而不提高职业道德修养，是不可能形成良好职业道德品质的。假如说，个人修养的形成需要靠多方面的努力才能实现的话，那么个人职业道德修养就需要在工作实践中不断学习和提高。良好的个人职业道德修养最能体现一个人的品位与价值，并且彰显个性和人格魅力。一个人面对挫折的乐观程度、情绪控制能力、认识他人情感的能力以及交往能力等，都是个人职业道德修养的重要内容。

一个人要想提高自己的职业道德修养，首先要从“改”做起，从“受”做起，从“思”做起，从自我要求做起。

（一）三改——改言、改性、改心

人与人之间的沟通最基本的就是语言，如果我们说话不得当，缺少艺术性，就很难得到别人的好感。在性格上假如习气很重，劣性不改，坏心不改，心里邪见、嫉妒、愚痴、傲慢不改，就很难在心性修养上有所提高。所以应该学会不断地改进，以不断提升道德

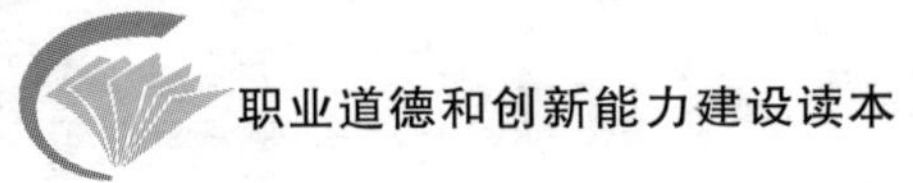

修养。

（二）三受——受教、受苦、受气

在人生的道路上，有的人为何能不断地进步，而有的人则不进反退呢？原因就是他不能“受”。和读书学习是同样道理，有人容易进步，因为他乐于接受；有人容易退步，因为他纳不进诤言。我们在提升职业道德修养的过程中，首先要学会受教。受教就是把外在的东西吸收到心中，然后把它消化成为自己的思想。我们不仅仅要学会受教，而且还要学会“受气”，即善于从逆境中汲取经验、激发动力，视其为提升职业能力的重要途径。“吃得菜根者，百事可为”说的就是这个道理。

（三）三思——思考、思想、思虑

无论何事都要三思而行。思想是智能，任何事在经过深思熟虑后再去做，必定能事半功倍。

（四）三敢——敢说、敢做、敢当

有些人不敢表达自己的观点，有意见的时候不敢当众发表，只会私下议论纷纷，遇事也不敢当、不敢做。不敢担当就不负责，不会负责就无法获取别人对自己的信任，自身的修养就很难提高。因此，只要是好事、善事，我们就要学会敢说、敢做、敢当。

职业道德修养的方法多种多样，包括学习职业道德规范、掌握职业道德知识；努力学习现代科学文化知识和专业技能，提高文化素养；经常进行自我反思，增强自律性；提高精神境界，努力做到“慎独”。“慎独”一词出于我国古籍《中庸》：“道也者，不可须臾离也，可离，非道也。是故君子戒慎乎其所不睹，恐惧乎其所不闻。莫见乎隐，莫显乎微。故君子慎其独也。”意思是说，道德原则是一时一刻也不能离开的，时时刻刻检查自己的行动，一个有道德的人在无人监督时，也要小心谨慎地不做任何不道德的事。

三、职业道德与个人人格魅力

战国时哲学家荀况曾说：“积土成山，风雨兴焉；积水成渊，蛟龙生焉；积善成德，而神明自得，圣心备焉。故不积跬步，无以

至千里；不积小流，无以成江海。”高尚的道德人格和道德品质，不是一夜之间能够养成的，它需要一个长期的积善过程。个人的人格魅力体现在职业道德修养上，而这些修养通常来自细节。行为养成习惯，习惯形成品质，品质决定魅力。从身边的事做起，从细微处着手，学会识大体，拘小节，从自己的一言一行开始，努力提高个人综合素质，以营造和谐环境，这才是展示个人人格魅力的主要途径。

职业道德是人格的一面镜子，这是因为人的职业道德品质反映着人的整体道德素质，人的职业道德的提高有利于人的思想道德素质的全面提高，提高职业道德水平是人格升华最重要的途径。一个有较高职业道德修养的人容易在人群中脱颖而出，他的人格魅力往往也会得到社会的公认，这样的人物在当代中国并不鲜见。

“2011 感动中国”人物——中国科学院院士、第二军医大学东方肝胆外科医院院长吴孟超，从医 68 年，全身心地投入医疗卫生事业。他始终把献身医学科学作为人生理想，创立了我国肝胆外科的学科体系，先后取得 30 多项重大医学成果，主刀完成包括我国第一例中肝叶切除术在内的 14 000 多次肝脏手术，先后获得国家和军队科技进步奖 21 项，荣获 2005 年度“国家最高科学技术奖”。他救死扶伤，年近九旬仍然亲自上台手术，践行着一名医务工作者的仁爱情怀，被患者誉为“白求恩式的好大夫”。他胸怀宽广，甘为人梯，共培养出 250 多名肝胆外科优秀人才，为我国肝脏疾病的诊断准确率、手术成功率和术后存活率达到世界领先水平做出了重大贡献，被中央军委授予“模范医学专家”荣誉称号。

又如“2005 感动中国”人物——四川省凉山彝族自治州木里藏族自治县马班邮路乡邮员王顺友。他朴实得像一块石头、一匹马，却带来了一段世界邮政史上的传奇。20 年来，他在雪域高原跋涉了 26 万公里，相当于走完 21 趟二万五千里长征，绕地球赤道 6 圈。每年投递报纸 8 000 多份、杂志 700 多份、函件 1 500 多份、包裹 600 多件，投递准确率达到 100%。

“2006 感动中国”人物——天津港股份有限公司煤码头分公司

操作一队队长兼党支部书记孔祥瑞。他以“当代工人，只有有知识、有技能，才能有力量”为座右铭，坚持学习，坚持实践，坚持创新，从只有初中文凭的码头工人，成长为一名享誉全国的“蓝领专家”。150 项革新，给国家带来 8 000 万元效益，这就是一个工人的成就。

“2009 感动中国”人物——中国航空工业第一集团公司成都飞机设计研究所首席专家、型号总设计师、自然科学研究员宋文骢。他在航空工业战线奋斗了五十载，先后参加过东风 113 号机、歼-7、歼-8、歼-9、歼-10 飞机等多个飞机型号研制，担任过两个国家重点型号歼-7、歼-10 飞机的总设计师，取得了一系列创造性的重大成果。

为什么有些人不言不语，就让人感觉到有力量？他们的举手投足之间，甚至微笑都会给人一种很美妙的感觉，而有些人则恰恰相反？从内心深处，我们每个人都很欣赏这样的美。因为这种美，来自内心，来自自信，来自积极乐观、从容不迫，来自他（她）带来的奉献和支持。这些优秀的个人道德品质正是个人人格魅力的最佳展示。

第四节　职业道德与组织发展

组织是指按照一定的宗旨和系统建立起来的集体。企业、事业单位都是组织的具体表现形式。任何一个组织，都有其自身的使命和目标。如医院的使命是治病救人，学校的使命是培育人才，企业的使命是提供产品或服务，博物馆的使命和目标则是传承和弘扬文化……职业道德建设是维护组织正常运行的有力保障，是组织不断发展和持续创新的精神动力。

一、职业道德与组织文化

不同的研究者从不同的角度，对组织文化有不同的认识。美国学者约翰·科特和詹姆斯·赫斯克特认为，组织文化是指一个组织

中各个部门，至少是该组织高层管理者们所共同拥有的那些价值观念和经营实践。而特雷斯・迪尔和阿伦・肯尼迪认为，组织文化是价值观、英雄人物、习俗仪式、文化网络、组织环境。而大家更为熟悉的是企业文化（corporate culture）这个概念。企业文化是组织的典型代表，随着市场经济的繁荣为大家所熟知。在基本定义上，无论是组织文化还是企业文化，都是一个组织由其价值观、信念、仪式、符号、处事方式等要素组成的组织（企业）自己特有的文化形象。可见，组织文化有广义和狭义之分：广义的组织文化是指组织所创造的具有自身特点的物质文化和精神文化；狭义的组织文化是组织所形成的具有自身个性的经营宗旨、价值观念和道德行为准则的综合体。企业要想真正步入市场，走出一条发展较快、效益较好、整体素质不断提高、经济协调发展的路子，就必须加强企业文化建设。

组织文化的约束功能主要是通过完善管理制度和职业道德规范来实现。组织领导者和从业人员必须遵守和执行相关管理制度，从而形成刚性约束力。组织的职业道德规范是从伦理角度来约束组织领导者及其从业人员的行为。如果人们违背了职业道德规范的要求，就会受到组织内部舆论的谴责。“济世养生、精益求精、童叟无欺、一视同仁”就是北京同仁堂药店对其领导者和从业人员进行道德规范约束的准则。同仁堂的员工要是违反了这一道德规范便会受到组织内部的惩罚。

职业道德是组织文化建设的主要内容和重要组成部分。首先，组织的物质文化环境需要从业人员来维护；其次，组织的规章制度要从业人员遵守；第三，组织发展战略目标的实现依靠的主体也是从业人员；第四，组织作风和礼仪是从业人员职业道德的表现；第五，职业道德对从业人员提高科学文化素质和技术技能有推动作用；第六，组织形象是组织文化的综合表现，从业人员若没有较高的职业道德水平，便不能保证产品和服务的质量，这就会直接破坏组织形象。职业道德不仅是从业人员在职业活动中的行为标准和要求，而且能够凸显本行业对社会所承担的道德责任和义务，还能促进行业发展，提高社会道德水平。

组织文化建设能提升从业人员爱岗敬业的工作热情和主动性，培养良好的职业道德，使劳动者能够迸发出更强的奉献精神，迎难而上，从而增强组织凝聚力，培养团队精神，激发从业人员的责任感。

一个行业、一个单位的从业人员，其职业道德水平高低从初期来讲是参差不齐、良莠不一的。但是，组织文化的软硬件建设可潜移默化地陶冶职工的情操，一个部门有 90％的从业人员敬业，比学赶帮超，那剩余的 10％从业人员也就不会我行我素，慢慢也会向上游靠拢。实践证明，组织文化的辐射必将会推动职工职业道德的提升。海尔集团的发展之路便是很好的例证。该企业在狠抓产品质量的同时，始终不忘企业文化的提升，从细节入手，以点带面，以点带线，把简单的事做好，把平凡的事做好。海尔职工的认识高度已经统一到对产品质量、社会形象、经济效益负责的高度。反过来讲，职业道德的提升还能有效推进组织文化的建设。员工的文化素质和职业道德素质的提高，将会促进组织健康有序地发展。组织应在积极做好宣传和大力开展教育培训上做文章，如开展“比学赶帮超”竞赛活动，开展榜样典型引路活动，以弘扬组织正气。通过各种丰富多彩、寓教于乐的形式和途径，把职工爱岗敬业、无私奉献的理念和精神凸显出来，营造一种良好的组织文化氛围和声势，职业道德工作便自然得以提升。职工的职业道德可以保证组织文化的生存和延续，优秀的组织文化又会促进职工高尚职业道德的培育，如此循环作用，组织就能延续良好态势，健康发展。

二、职业道德与组织竞争力

组织竞争力是指在竞争性市场中，组织所具有的能够比其他组织更有效地向市场提供产品或服务，并获得效益（赢利）以促进自身发展的综合素质。

组织的竞争力分为三个层面：一是产品和服务层面，包括组织产品生产或服务提供及其质量控制能力，组织的服务、成本控制、

营销、研发能力；二是制度层面，包括各个运行、经营管理要素组成的结构平台，组织的内外部环境、资源关系、运行机制、组织规模、品牌、组织产权制度等；三是核心层面，包括以组织、组织价值观为核心的内外一致的组织形象，组织创新能力，差异化、个性化的组织特色，稳健的财务，拥有卓越的远见和长远的全球化发展目标等。第一层面是表层竞争力，第二层面是支持平台竞争力，第三层面是核心竞争力。

那么，职业道德如何维系、促进和提升组织竞争力呢？

首先，职业道德鼓励组织建立学习型机制，促进组织永续革新。组织团队的成长壮大就是一个不断学习的过程，团队不断地进步与革新依赖于不断地学习。正如《第五项修炼》的作者彼得•圣吉所说："学习智障对孩童来说是个悲剧，而对组织来说，可能是致命的。"美国通用电气公司杰克•韦尔奇也说："谦虚地从周围的事物中不断学习，并且以尽可能快的速度吸收学到的东西，是组织团队从根本上得以发展壮大的原因，在通用电气，学习是'我们的血液'。"

其次，职业道德着力于营造优秀文化，提升组织文化力。对组织的发展产生影响的有两种基本力量，一种是限制组织决策者决策选择的，来源于组织文化内部的约束力量；另一种是对组织不断地产生着冲击并限制着管理自由的外部环境因素。组织内部各个部门由于工作职务不同，必然会有着习惯、规则上的差异，如果组织职业道德没有在坚持原则下的灵活变通，结合部门实际，那么这种职业道德就会显得死板、僵硬，其作用就难以发挥。员工对组织的认同仅仅是构建组织文化力的基础层面，职业道德才是组织文化力的支柱力量。组织积极培育的"人人成为超越者"的团队文化，是一种建立在集体主义和团结协作基础上，以"超越观"为核心价值观的竞争型与团队型相结合的新型组织文化。组织中倡导职业道德，信奉团队文化，就能够整合不同分工的从业人员最大限度地贯彻、理解、践行组织文化。团队职业道德在组织文化力建设过程中的支柱作用在于联结从业人员个人的文化特征来形成团队文化，然后进一步将各个团队文化融合成组织文化力。

第三，职业道德倡导学习知识、技能共享，发展组织的智力资本。21世纪是知识经济时代。知识经济的主要特点是依靠知识，对资源进行合理的、科学的、综合的配置，从而实现资源的优化利用。知识是唯一在使用过程中不被消耗、通过创新还能不断增值的资产，能为全社会和组织内部共享，能为组织产生更多价值。而在组织当中，组织成员是组织中最活跃的因素，因此拥有知识的成员是组织中极其重要的因素。因此，组织应该重视成员之间，特别是专业技术人才之间的知识共享。组织要不断拓宽从业人员的知识面，扩大其掌握的知识量，提高知识和技术才能，并将“智力资本”列入组织中长期发展规划，以追求知识资本对组织带来的巨大效益。实践证明，组织的快速发展与高素质、高质量人才队伍和完善的人才培训机制密不可分，组织应将对从业人员职业道德的培训作为进行知识管理的关键战略之一。

第四，良好的职业道德会激励组织成员，实现组织战略。在组织团队中，领导是团队的旗帜，领导的职业道德水平和一言一行就显得特别重要。作为一个团队领导，应该关心成员、激励成员。“士为知己者死”，一个组织中员工只有感到自己的人格和劳动被大家理解和尊重，其积极性才会持续地迸发出来，形成源源不断的创造力。古人打仗，讲求团队合作。作为现代组织，团队的领导更应该会识人用人，使团队成员为了组织的战略愿意奉献个人的才华和智慧。

最后，职业道德建设能培养组织团队合作默契，创造辉煌业绩。组织文化需要让每位团队成员都拥有自我发挥的空间，努力使团队成员彼此相互信任、相互了解。团队精神并不仅限于组织之间，而是要在组织内部上下之间、纵横之间都形成彼此支持、彼此协作的关系。海尔集团董事长张瑞敏曾经说过：“上下同欲者，胜!”组织职业道德的形成在很大程度上要与组织的人力资源管理中的团队管理相结合，才能使组织的核心价值观与具体的管理行为相结合，真正取得员工的认同，并由员工的行为传达到外界，形成

在组织内外都获得认同的组织文化。管理学家汤姆·彼得斯说："组织唯一真正的资源是人，管理就是充分开发人力资源以做好工作。"企业管理的杰出实践者杰克·韦尔奇也说："优秀领导者应当像教练一样'培育'自己的从业人员，并使他们团结起来去实现自己的梦想。"

三、职业道德与组织品牌效益

组织品牌是指以组织名称或标志物为品牌名称所形成的社会形象概念。组织品牌传达的是组织的运行或经营理念、组织的文化、组织的价值观念及对消费者个人或社会的态度等，良好的品牌能有效突破地域之间的壁垒，进行跨地区的运行和经营活动。组织品牌的内涵应包含商品品牌和服务品牌。不断提升品牌有利于提高商品的价值含量和组织的美誉度。丰富、凸显组织品牌的内涵是一个漫长的过程，它需要职业道德、组织文化等其他因素予以相应的支撑。

知名品牌企业走向成功，往往注重产品的有形价值和无形价值的形成、实现与提高。

职业道德在组织品牌的形成、发展和树立过程中助推组织品牌的形成，而组织品牌形成后又丰富了职业道德的内涵和外延。两者之间相辅相成。

组织品牌会加强组织的凝聚力。这种经过强化的凝聚力不仅能使组织成员产生自豪感，增强从业人员对组织的认同感和归属感，而且能使全体员工以主人翁的态度工作，产生同舟共济、荣辱与共的思想，使从业人员关注组织发展，为提升组织品牌而努力工作，以适应组织发展的需要。

优秀的组织品牌有利于组织提高美誉度，扩大知名度，不仅使组织运行环境更为宽松，提升投资环境价值，还能吸引人才，从而使资源得到有效集聚和合理配置。

职业道德和组织品牌的共同作用在于促进提高企业知名度和强化组织竞争力的组织文化力。这种文化力是无形的，对组织发展有着巨大的推动力量。组织实力、组织活力、组织潜力以及组织可持续发展的能力又反过来推动了组织内部的职业道德建设，对职业精神提出了更高的要求。

【思考与探索】

1. 什么是道德？公民道德具有怎样的特点？

2. 简要叙述职业道德的含义及其基本特征。

3. 社会主义职业道德具有怎样的特点？

4. 简要叙述社会主义职业道德的核心内涵。

5. 职业道德个人修养包含了哪些要素？这些要素呈现出怎样的特征？

6. 简要叙述职业道德维系、促进和提升组织竞争力的方法。

7. 职业道德与组织品牌效益是什么关系？

第二章　职业道德现状

第一节　职业道德现状概述

【本章要点】职业道德本身是一个十分宽泛的话题，人们对职业道德的定义也各不相同。道德本身的驱动促使了一个又一个鲜活的现实案例。不可否认的是，当今的职业道德存在巨大的问题，这是因为违背职业道德的现实案例总是见诸报端。造成这种现象的原因有主观方面的，也有客观方面的。其产生的最大影响就是世人对职业道德的恐慌。本章的核心就是分析职业道德，特别是当今的职业道德是一个怎样的现状，并对这种现状产生的原因和影响进行阐述，力图说明加强职业道德建设对当前社会发展的重要意义。

从 1978 年改革开放至今，中国经济的运行机制由社会主义计划经济向社会主义市场经济逐步转型，市场调节的范围不断扩大，社会生产力极大提高，这些变化激发了社会各领域、各行业的活力，中国经济进入了增长快车道。国内生产总值（GDP）从 1979 年人均不足 300 美元到 2012 年超过 5 000 美元；物质得到极大丰富，人民生活水平大幅度提升，整个社会呈现出欣欣向荣、繁荣昌盛的景象。随着经济体制改革的深入发展，政治机构、行政机构和社会机构改革逐渐展开，法制建设逐渐完善，社会主义道德，特别是社会主义职业道德，在经济发展和机构改革中发挥着积极的教化、引导、约束和激励作用。但我们也应该看到，市场经济带来的市场主体多元化、对外开放带来的西方思潮渗入，使得社会思想更为活跃，行为方式更为多样，社会道德观、价值观也向多元化方向发展，在积极向上的主流思想不断发展的同时，社会道德观、价值观不可避免地出现了一些偏差，导致职业道德选择和评价的价值判断标准不明确。这些道德领域的困惑引发了众多社会问题，其中个别行为所带来的后果和影响会导致社会局部地区的动荡，甚至引发社会的广泛关注和强烈不满。如何引导、纠正社会道德，特别是职业道德中出现的偏差，不仅仅是政府应该关注和思考的问题，而且是每一位从业人员必须思考、探索和解决的问题。

一、职业道德面面观

经济发展、市场繁荣、社会稳定，奠定了社会主义职业道德大发展的基础，也是职业道德建设的契机。市场经济对职业道德的进步有着巨大的推动作用，为职业道德建设打下了坚实的物质基础。社会主义市场经济是利益经济，也是法制经济。在市场经济机制健全的条件下，组织（包括企业）行为更多的是受法制的约束，在全社会法制化管理之下确定组织的决策和行为，形成从业人员岗位规范、部门操作规范和管理者行为规范等，从而为社会提供符合人们精神和物质需要的服务。社会主义市场经济也是道德经济，它在讲求高效率的同时，要求市场的有序竞争，道德建设也有利于增强人们的自强自立意识、竞争意识、效率意识、民主意识和开拓创新精神。

道德的力量是巨大的，但道德的作用往往润物无声；职业道德的光芒在近十年来频频闪现，展示着 21 世纪从业人员的职业道德风采和精神风貌。

例如，2003 年抗击“非典”、2004 年处置高致病性禽流感疫情第一线上的医护人员便是例证。几乎所有的医护人员在接受采访时，说得最多的都是“我是医生”“我是护士”。一位医生曾如此表白：我不认为自己是一个高尚的人，但我应该算是一个有职业道德的人。

又如 2005 年 3 月，黄伯云院士代表远在长沙的“高性能炭/炭航空制动材料的制备技术”课题组的 60 多名成员从胡锦涛同志手

中接过国家技术发明奖一等奖证书，结束了这一奖项连续 6 年空缺的历史。在记者对他进行采访时，他只是说，20 年来 7 000 多个日日夜夜的努力，终于有了满意的结果。

再如试飞员李剑英，2006 年 11 月 14 日，在完成任务驾机返航途中，因意外发动机停止工作。此时飞机高度为 194 m，跳伞便能求生。但从故障发生点到飞机坠毁点约 2 300 m 跑道延长线两侧 700 m 的范围内，有 7 个自然村 3 500 人。飞机上还有 800 L 以上的航空油、120 余发航空炮弹、一发火箭弹及多个易燃氧气瓶等物品。如飞机失控坠入村庄，后果将不堪设想。仅 16 秒的时间内，为了保护人民群众的生命和国家财产的安全，他 3 次放弃跳伞逃生机会，果断选择迫降。在迫降过程中，飞机受阻爆炸解体，他壮烈牺牲。在这 16 秒中，他用生命写出了人民军队爱人民的职业赞歌。

2009 年 3 月，在长春市同志街与清华路交会处，一名年轻女子爬上楼顶，欲跳楼轻生。消防战士和派出所民警一直劝说，但她始终不肯下楼。危急时刻，一名开车路过的女警察自告奋勇爬到楼顶，想办法接近女子。一个多小时后，该女子从楼边翻下，就在这千钧一发之时，这名女警察伸手死死地拉住了她。事后，这名女警察说："我非常恐高……说心里话也挺害怕的。但当时那种情况，救人要紧，我没有别的选择。"

……

诸如上述普通人物的不凡事迹还有许多许多，支撑他们成为有名或无名英雄的，不是别的，正是职业道德。

这些彰显着时代气息的职业道德范例充分说明了社会主义职业道德在不断创新，在市场经济环境下不断调整，在职业工作中持续体现，在关键时刻频频闪光。社会主义市场经济从整体上促进了职业道德的进步，但并不是说当前就不存在任何职业道德问题，恰恰相反，在经济转型期，不良职业道德现象还是会不可避免地出现。

在日常生活中，人们往往对从业人员所展示的良好职业道德品质熟视无睹，却非常在意职业生涯中那些不尽如人意、有违职业道德的行为。让我们来关注一下当前社会热议的职业道德失范话题：

2012年4月15日，央视《每周质量报告》播出节目《胶囊里的秘密》，曝光了河北省一些企业，用生石灰处理皮革废料，熬制成工业明胶，卖给浙江省绍兴市新昌县等地企业制成药用胶囊，最终流入药品企业，并进入患者腹中。皮革在工业加工时，要使用含铬的鞣制剂，这样制成的胶囊，往往重金属铬超标。经检测，修正药业等9家药厂13个批次的药品，所用胶囊重金属铬的含量均超标，最高超出国家规定标准的90倍。“毒胶囊”事件就此引爆，并再次震惊了国人。随后相关部门加大了督查力度：4月16日，新昌县警方抓获22名问题胶囊涉案人员；4月17日，多省市调查问题胶囊，停售、封存13种产品；4月18日，新昌县33批胶囊制品样品检出铬含量超标；4月19日，国家质检总局发出《关于对非法使用工业明胶加工食品彻查严打的通知》……

这让人回想起2008年发生的震惊全国的食品安全事件——三鹿三聚氰胺问题奶粉事件。2008年12月1日卫生部通报，全国因三鹿牌婴幼儿奶粉事件已累计筛查婴幼儿2 238万余人，大多数患儿有泌尿系统少量泥沙样结石而接受门诊治疗，部分患儿患有泌尿系统结石症需住院诊治。截至2008年11月27日8时，全国累计报告因食用三鹿牌奶粉和其他个别问题奶粉导致泌尿系统出现异常的患儿共29万余人，住院患儿共5.19万人，累计收治重症患儿154人。

2010年5月23日，央视《每周质量报告》揭开了美的紫砂煲黑幕，美的宣称的所谓“纯正紫砂”不是真正的紫砂，实为普通陶土通过添加化工原料加工而成。这些内胆使用的原料泥，实际上是用田土、红土、黑泥、白泥等多种普通陶土配制，并添加“铁红粉”、二氧化锰等化工原料染色，并非“纯正紫砂”。随即，各大媒体的报道铺天盖地跟进，美的、九阳等厂家的紫砂煲纷纷下架。23日下午，美的向消费者和媒体道歉，承诺立即纠正不实宣传，美的电炖锅公司立即停产整顿，产品停止销售，设点接受消费者退货，各大卖场全面撤架。事件并没有就此结束，第二天，美的紫砂煲被曝出退货要收折旧费，也没有具体的退换货细则。第三天，美

的生活电器总裁通过央视新闻频道承诺，无条件退换货，且“无发票也能退货”。

2007 年 9 月 5 日在北京海淀远大路某银行，一名顾客将 99 元钱分 99 次存入银行卡中，前后耗时达 3 小时。在接受记者采访时，这名叫李国军的 32 岁男子讲出了自己这样做的缘由：因银行的工作态度消极冷漠、极不负责任，自己及其他顾客无论是电话投诉，还是当面给经理投诉，都没人管，迫不得已，只能出此下策。

日常社会生活中，这样的案例不胜枚举，有的从业人员工作积极性不高，对服务对象怠慢，吃、拿、卡、要、钓等行为屡禁不止。有的公职人员还存在贪污、受贿、腐化、挪用公款、以权谋私等违法行为。这些不良行为已经对社会造成了极为恶劣的影响。

这些事件的发生，就是职业道德缺失酿成的严重后果，值得政府部门、社会公众、企事业单位的管理者及各行业的从业人员的反思和警醒。职业道德建设重新成为现代企事业单位在打造核心竞争力时必须面对的难题。

二、当前职业道德建设存在的问题

要大力加强职业道德建设，首先要摸清楚当前职业道德最突出的问题是什么、症结到底在哪里。改革开放以来，由于新旧体制的交替和新旧矛盾的冲突，人们的道德观、价值观发生了巨大的变化，原有道德观受到冲击，加上人们对社会主义市场经济还缺乏全面正确的认识，片面强调物质利益，忽视精神文明建设，在职业道德建设上存在一些突出问题。其主要表现如下。

（一）职业道德观念淡化

职业道德观念淡化表现为极端个人主义、利己主义抬头，拜金主义和享乐主义盛行，见利忘义、唯利是图、损公肥私四处蔓延。部分从业人员利欲熏心，大肆制假贩假。这种现象涉及诸多行业——从钢材、化肥、农药、机械制造到饮食、服装、家电、医药等。伪劣商品泛滥，屡禁不止，严重损害了国家和消费者的利益。少数人认为有权不用过期作废，也就不管什么道德不道德。

（二）责任意识淡薄

责任意识淡薄表现为从业人员情绪浮躁，对本职工作敷衍塞责，做一天和尚撞一天钟；政府监管、行业监管、本单位监管不严或缺位。某些行业、部门“衙门”作风较盛，使群众感到办事难——门难进、脸难看、话难说、事难办；执法不公的乱收费、乱罚款、吃拿卡要、刁难群众等事情时有发生；有的垄断性行业，把行业优势视为资本，谋取个人或小集团利益，人情往来、回扣、红包等问题屡禁屡现。

（三）价值观念发生扭曲

价值观念发生扭曲表现为部分人认为市场竞争就是利益和金钱的竞争，对“靠山吃山”“靠水吃水”等不道德现象见多不怪。特别是近年来党和政府内部出现的少数腐败分子，贪污贿赂、以权谋私、权钱交易、徇私枉法、弄权渎职、腐化堕落等，损害了党和政府的声誉和威望，败坏了社会风气，严重影响了人们的职业道德思想和价值观念。

（四）道德标准出现偏差

道德标准出现偏差表现为评判是非的标准模糊。对那些靠钻政策空子而一夜暴富的人，一些人将其佩服得五体投地，并将那些不学无术，靠拉关系、走后门、请客送礼、行贿受贿而升官发财的人奉为有本事之人。一些人在政治道德上搞实用主义，国家政策和党中央指示对自己有利的就执行，无利的就变通，甚至另搞一套。甚至一些领导干部有官僚主义、弄虚作假、欺上瞒下、吹牛拍马作风和行为，在职业道德评判标准上好坏不分、是非不明，严重损害了党和政府的形象。

（五）道德心理失去平衡

道德心理失去平衡表现在部分职工认为过去是工人阶级领导一切，人民当家做主，现在则是企业和单位的领导是“老板”，是“主人”，职工变成了雇工，没有了主人翁地位，也不用谈什么职业道德，更不必谈“先国家，后集体，再个人”。于是就想趁着自己还在职在岗，不捞白不捞。故在金钱物欲的诱惑下，打着发展经济

的幌子，钻改革开放的空子，一心为个人捞取钱财。于是，造成不正之风盛行，坑蒙拐骗横行，假冒伪劣产品泛滥。

第二节　职业道德问题的成因及影响分析

一、职业道德存在问题的成因分析

改革开放三十多年来，我们国家在政治、经济建设上取得的成就有目共睹，但社会公德、职业道德失范现象日益增多也是不争的事实。问题的关键不是如何描述、评价这一道德危机现状，而是需要深刻认识这些问题出现的原因，实事求是地分析、探寻造成文明失范、道德腐败的根源，只有这样才能寻求有效的解决途径。

透过因职业道德失衡而产生的纷繁复杂的社会现象，我们不难发现，出现这些职业道德问题的根源，主要与以下主客观方面的因素有关。

（一）职业道德失衡的主观原因分析

1. 对道德的认识出现偏差，导致相应的对策措施不能对症下药

现代道德内容复杂，包含各领域的道德规范（政治道德、经济道德、公共道德、职业道德、家庭伦理道德等），也包含了不同层次的社会道德规范（尚德、美德、常德）。尚德，就是高尚的、具有崇高性质的道德品质，如无私奉献、舍己救人等。美德是指那些觉悟水平高、令人崇敬向往的道德品质，如公而忘私、废寝忘食、秉公执法、大义灭亲等。常德则是普通公民必须遵循的道德规范，其规范涉及的领域较多，如职业道德、市场道德、家庭道德等，内容也较为广泛——如正直、诚信、自律、善良、助人、公平、守法等。从尚德、美德、常德的内容来看，个人道德实践的难度是由低往高逐步上升的。其道德实践所赖以生成的心理基础也是不同的。在现代社会中，人们的道德实践通常应该是常德被全体社会成员实践，美德被多数社会成员实践，尚德由少数社会成员实践，由此形成道德实践的金字塔结构，构成文明和谐、社会稳定的道德基础。

而在现实道德实践和建设中，我们既往的伦理教育、倡导却正好逆反：常德往往被忽略、美德常常被拔高、尚德每每被泛化。这就可以解释我们抓精神文明建设抓了这么多年，加强思想道德教育加强了许多年，却依然会出现许多文明失范的现象。在道德建设的领域中，我们也总是试图用崇高的尚德来取代社会常德。因此，职业道德教育、宣传和倡导的重点应该是那些平凡的、不起眼的但常德中最基本的职业道德规范。

2. 职业道德教育的伦理学误区

面对道德失衡的客观现实，问题便由此而生了：用经济转轨、社会转型等客观原因无法对此作出充分解释，关键还在道德自身。无论是在当代道德建设中，还是在对传统美德的张扬中，常德都是缺位的。这就存在道德的认识问题和职业道德建设的思路问题。

3. 守法自律观念缺失，导致德治法制社会应有的基础环境不佳

能否守法自律，既能检验一个公民基本道德水准的高低，也是道德价值评判的依据。在现代社会中，公民的诚实与正直、信义与公平等品行，最终都体现在守法自律上。一个自认为诚信的人，却不遵守公共秩序，他的诚信便应打折扣；一个决心捍卫正义的人，却随意践踏社会基本游戏规则，他的正直便令人质疑。当行人站在没有车辆的街头等待绿灯时，当乘客在地铁站、公交车站自觉排队候车时，他的行为所表现出来的就是一种对法律、秩序至上的价值理念的尊崇。这种价值理念使他将个人利益追求严格限制在法律或公共秩序允许的范围内，自觉不越雷池一步；这种自律觉悟也是评判一个人行为的准绳。当全社会普遍具有这种守法自律的道德修养时，其功效不仅限于阻止不道德行为的发生或阻止违法犯罪，而是形成一种孤立、贬斥不道德行为的正义社会舆论。目前我们缺乏的，正是这种法制社会需要的道德环境。

社会缺少法律神圣的观念，必然会有国人对各种公共规则持游戏态度。当这种游戏态度主宰舆论时，即便法律制定得再健全，也难免会失范甚至异化。如官员腐败现象，大多不是由于无法可依，

而是因为官员们目无法纪、徇私枉法而造成的。这种游戏态度会进一步造成一个残酷的社会现实：人人愤世嫉俗，却又同流合污。在可能的情况下，几乎所有人都千方百计地扭曲游戏规则以牟取大小不等的私利，结果任何社会行为都难以公平进行。不能卖假货自古就是基本商德。但是，如今却有人戏谑地感叹——除去假发、假牙是真的外，还有什么商品不能做假？这些道德失范现象无不折射出部分国人缺少尊重法律和道德观念的心态。

4. 不能正确认识传统道德与现代道德的本质区别

传统文化和传统道德中有许多优秀的元素值得承继，是现代社会职业道德建设的基础。但传统文化缺少支持现代常德的伦理元素：传统美德过于注重感性，与现代生活道德实践中的常德规范恰好是对立的甚或逆反的；作为现代常德的核心理性元素又是传统道德所稀缺的，这便涉及对传统道德特别是儒家伦理的重新认识与评价。儒家的纲常伦理，也是以尚德（“克己复礼、天下归仁”）为标榜的封建道德体系，它的部分规范固然可以被现代家庭伦理所承继，但却难以直接移用到现代道德体系中去，更无法作为常德规范被全体社会成员实践。

在和平年代，假如所有公民都能守住常德，诚信自律友善、不偷不抢不贪，实现夜不闭户、路不拾遗、心情舒畅、安居乐业，难道这不正是我们所追求的和谐理想社会吗？反之，时时需要英雄挺身而出、见义勇为，则很可能是基于车匪路霸横行无忌，社会治安严重恶化的社会现实。这样“英雄辈出”的年代，恰恰不是和谐的社会。正是由于当前的社会成员在认识上存在这些偏差，职业道德在舆论宣传上、在教育培训上、在言传身教的过程中，都出现了一些问题。

（二）职业道德失衡的客观原因分析

1. 市场经济的负面效应

不可否认的是，社会主义市场经济有效地推动了社会主义职业道德建设。但是，事物皆具有两面性，市场经济对社会主义职业道德也有其消极影响。市场经济是利益驱动经济，容易导致对物质利益过度追求。同时，把市场经济原则扩大到社会生活的一切领域，导致道德领域评价标准的迷失，这就表现为极端个人主义、拜金主义、享乐主义伦理观的道德行为，以及以权谋私、权钱交易等腐败现象的出现，无疑增大了社会主义职业道德建设的难度。

市场机制、利益结构的变化调动了人们的积极性和主动性，也诱使一些人物欲膨胀。这种消极的影响使如今的许多人变得更加功利，更加渴望成为既得利益者，无论做什么都首先想到“利益”二字。一位身居高位的政府官员，由于一时贪念，接受了地产开发商的贿赂，把一段公路的修建工程包给了此开发商。其结果是这个开发商偷工减料，公路还没建成就出现塌方，造成人员伤亡。一个公司的出纳染上了赌博的恶习，钱输光了，就偷偷地取用公司的钱，想连本带利全赢回来。其结果是越陷越深，公司遭受巨大损失，自己也受到法律的严惩。一位电视台记者，为了制造新闻焦点，编造了一条很有吸引力的新闻，引起了社会广泛关注。但是，纸包不住火，这件作假的事情很快被揭发出来，自己也被判了刑。近年来，国内一些高级官员学历造假，为自己升官提拔做铺垫……由于所处的角度不同，心理素质不同，价值取向不同，对利益的认识也就会有所不同。对个人利益想得过多，认识就容易偏激、过于极端，甚至还会导致更多不明智的想法和做法。因此，我们有必要冷静地思考分析，多从个人利益与集体利益、公司利益的一致性方面去考虑。也许，这样会使我们许多极端、狭隘的认识与做法得到较好的解决。

2. 职业道德教育和引导呈滞后、消极、被动状态

道德问题可以通过很多途径去解决。过去我们对道德问题多采取较为简单的方法，忽视了正面舆论的营造。如许多大中城市，政府部门针对火车站等公共场所随地吐痰、乱扔烟头的治理措施就是罚款。罚款的目的是通过惩治来杜绝这类现象，但是由于形式简单粗暴，非但没能达到教育的作用，反而引起群众和执法人员的对立。

良好的道德培养必须通过舆论、良知谴责、信念、习惯、自

律、强制力等内外因素的有机结合来进行；从领导做起，通过表率作用，在一个系统的环境中形成一种良好的道德氛围，造成强势的正面影响，在潜移默化中不断提升人们的素质和人格，推进社会的职业道德建设。

3. 新、旧体制并存，秩序和监管上存在漏洞，为从业人员道德行为的弱化提供了可能性

一方面计划经济下的计划单列和双轨制，在新型市场经济中“非健康状态”运行，权利与义务关系调整失序，经济责任、权利结构等领域出现混乱。一些从业人员为赢得或保全自己的切身利益，出现道德天平的失衡；而新体制从入轨启动到转入良性运行有一个过程，各种配套法规、章程、制度，包括职业道德规范未能健全，这在无形中形成管理“空档”，成为产生不道德行为的客观隐患。另外，双重体制下不尽平等的竞争环境，也为部分利欲熏心的人利用职权搞不正之风提供了方便。

4. 市场监管不力导致道德价值评判标准混乱

市场经济的负面效应为一些公务人员道德失衡提供了诱因。市场经济“有其自身弱点和消极方面”，其重利性、竞争性、本位性、交换性在客观上存在非道德和反道德的因素，这就导致一些公务人员道德意识淡化，并助推或加重了各行业的非道德行为和不道德行为的泛滥。

以食品药品安全问题反复发生为例，它们都显示出一个共同的问题：哪里存在监管漏洞，哪里的食品安全就没有保障，哪里就必然会出现食品安全问题。监管漏洞的存在反映出的是监管部门的缺位，相关部门履职始终处于被动状态。

5. 物质利益分配不公，社会激励机制有失偏颇

这个方面主要表现为三点：一是有的单位仍然存在平均主义思想，多劳者并不能多得，这就挫伤了多数人的积极性；二是部门福利分配差距过大，个别管理者工资虽不高，却能以各种名义多吃多占，使群众心怀怨气，工作情绪不高；三是行业收入分配差距过大，有的单位工作条件好、职工待遇优厚，有的单位条件差、职工报酬少，后一类单位的职工心理不平衡，工作中难免会流露出不满情绪。这些因素直接导致对职业道德的轻视、无视和漠视。

6. 从业人员的思想认识问题

从业人员的思想认识问题表现为以下几个方面：一是对社会主义市场经济认识模糊。二是旧观念对新思想的影响。新的经济体制和新的增长方式都要求人们更新观念“换脑筋”。保守落后的传统观念容不得新生事物的出现，必然会加以阻挠，这样就会不可避免地产生职业道德的扭曲。三是西方资产阶级思想的影响。随着改革开放力度的不断加大，难免会夹带进一些西方资产阶级腐朽的东西，它们侵蚀我们的干部队伍，腐化我们的从业人员。四是思想政治工作软弱无力。一些单位管理者只注重经济效益，对职工的思想政治教育漠不关心。

二、职业道德存在问题的影响分析

职业道德失范涉及面广，对社会危害极大，表现在以下几个方面：

首先，像“三鹿奶粉”“毒胶囊”等事件，除了危害社会，对企业自身也会带来极大的生存危机，有的甚至会波及整个行业的生存。例如，“三鹿奶粉”事件前，蒙牛乳业股价约为每股 20 港元，2008 年卷入三聚氰胺事件后，9 月 23 日蒙牛乳业复牌即暴跌 66%；到 11 月初，蒙牛乳业股价已跌至每股 6.65 港元。2008 年 12 月 23 日，蒙牛乳业发布的全年业绩预报称，自 2004 年公司上市以来首次出现年度亏损，2008 年全年预计有约 9 亿元人民币的亏损；而仅仅是在半年之前，蒙牛的净利润还高达 5.83 亿元。蒙牛、伊利、光明等乳制品在三聚氰胺事件之后出现的销售大幅下滑、信誉严重受损等现象无一不是典型的反面案例。

其次，责、义、利失衡——社会缺乏诚信。四川省成都市某民办医院曾召开新闻发布会，向社会承诺对见义勇为的负伤者将给予免费救治。同时，一块写着“见义勇为，免费救医”的牌匾也高悬于医院大门之上。然而，仅一周后，一位伤员却使医院的处境颇为

尴尬。杨元刚是成都一家物业公司的保安，为保住用户的汽车，在与盗车贼殊死搏斗中被砍成重伤。当他慕名与这家医院联系，希望得到免费救治时，却遭到了医院的拒绝。院方认为他的行为“不算见义勇为”。而物业公司则认为，如果没有见义勇为的精神，不和歹徒搏斗，他怎会受伤。看起来，这个承诺更像是广告。承诺重在践诺，古人的“一诺千金”留下多少感人肺腑的佳话。且不说“庄重承诺”的内容只是基本的职业规范，有的单位就是那些应有的服务项目也履行得不尽如人意。

中国社会科学院副研究员董礼胜等专家评述说，建立服务承诺制度的目的原本是为了使管理者进一步认识到服务的重要性，认识到信誉是一个单位美誉度的指标。但我们目前看到的有些服务承诺更像是表面文章，是应付上级的要求，是做给别人看的，不是发自内心的。任何事情，一旦流于形式主义，就变味了、变质了。

第三，政府公信力下降。政府的公信力，关系到民主法治、公平正义，决定着和谐社会的建设能否顺利进行。《中共中央关于完善社会主义市场经济体制若干问题的决定》强调：“增强全社会的信用意识，政府、企事业单位和个人都要把诚实守信作为基本行为准则。”2010 年 3 月 15 日，温家宝同志在十一届人大三次会议上的《政府工作报告》中，提出要努力提高政府的执行力和公信力。政府公信力的维护，一是体现在制度的公正性层面，二是表现在政府行为的诚信层面，三是表现在政府的形象和公信度层面。制度公正是政府公信度的基础。制度不公就会导致社会权利与义务的不平等，从而引发社会利益分配失衡或利益冲突，并为各种不法行为、失信行为提供滋生的土壤。例如，2012 年 5 月 8 日，《新京报》报道，最新统计显示，2007—2011 年，北京市各级纪检监察机关共立案 2 906 件，结案处分 2 917 人，移送司法机关 274 人，挽回经济损失 5.45 亿元。根据统计，查处的这些人中，包括局级干部 50 人、处级干部 504 人；涉案金额达百万元的为 165 人，千万元以上的为 26 人。2011 年 5 月，时任朝阳区区委常委、朝阳区副区长的刘希泉被“双规”。据了解，刘希泉案线索来自于刘及其家人房产、车产的相关情况，纪检监察部门在综合分析这些情况之后，确定以查证刘希泉利用职务便利牟利为重点，对其个人银行账户进行摸查，结果发现了区农委工作人员为其开卡存款的重大线索，从而查出朝阳区农委的“小金库”。纪检部门还发现刘希泉曾有刷卡购买相机的记录，商家开具了“办公用品”的发票，发票可能用于报销。经查证，这一情况属实。随后，纪检部门对刘希泉的刷卡消费资料进行排查，发现其购物时有使用几张卡“拼卡”付款的迹象。经查，卡主另有其人，从而证实了刘希泉收受他人礼金的违纪事实。

温家宝同志曾在《政府工作报告》中讲政府工作中存在的问题时尖锐地指出：有些关系群众利益的问题还没有得到根本解决；有些政府工作人员依法行政的观念不强；形式主义、官僚主义、弄虚作假和奢侈浪费的问题仍然比较突出；腐败现象在一些地方、部门和单位仍然存在。因此，诚信政府建设，不仅关系到社会信用体系的建立，还关系到社会诚信道德水平的提升。

第四，社会公德失范。职业道德以常德为主，职业道德失衡往往会对社会公德造成负面的、消极的影响，进而引发公共道德的失衡。2010 年 10 月 16 日 21 时 40 分许，河北传媒学院 2008 级播音主持专业学生李启铭，开车在河北大学新校区内“易百”超市门口撞倒两名女大学生后，不但没有停车，反而若无其事一脸轻松，继续开车接其女友。在其返回途中被学生、保安拦下，李启铭下车后没有丝毫的歉意，反而口出狂言：“看把我车刮的！知道我爸是谁不？有本事你们告去，我爸是李刚。”后经证实，肇事者的父亲李刚是河北省保定市公安局北市区分局副局长。这一事件被媒体称之为“李刚门”。这一事件曾是网络上点击率最高的新闻之一，如今读来依然让人心绪难平。更可悲的是，当《成都商报》记者就学校对此事的处理问题电话采访河北大学工商学院领导时，这位领导的回答竟然是：“我们赔偿什么？这个是交通肇事，学校还是受害方呢！”学生在学校出了事情，失去生命，学校不是想着承担责任，而是……更令人遗憾的是，“我叔是金国友”“我女儿是彭帅”等

“我爸是李刚”的续集还在现实中不断翻新上演……这些事件的频繁发生，直接反映出位高权重者滥用职权，助长亲友无视公德的后果。

职业道德的失衡不仅危害组织的生存和发展，而且会连带影响政府信誉与执政能力，使社会责、义、利没有了正确的评价标准，引发社会道德的紊乱。一味地担忧抱怨不是办法，只有每一位政府公务人员、企事业从业人员，从现在做起，从我做起，我们才会拥有一个美好的和谐社会。

第三节 职业道德建设的对策和措施

一、政策指导促进职业道德建设

心理学有个“破窗理论”：如果有人打坏了一幢建筑物窗户上的玻璃，而这扇窗户又未得到及时修理，别人就可能受到暗示性的纵容去打烂更多的窗户上的玻璃。久而久之，这些被打破的窗户就给人造成一种无序的感觉。那么，在这种公众麻木不仁的“从众心理”氛围中，一些不良风气、违规行为就会滋生、蔓延并繁殖，因而及时纠偏补漏，在职业道德建设中就显得尤为重要。

党中央、国务院十分重视公民道德建设和职业道德建设问题，党和国家领导人先后在不同场合、不同角度的讲话中，反复强调精神文明建设的问题，着重提出社会主义公民道德建设和职业道德建设的意义和重要性。2000 年，中共中央办公厅、国务院办公厅颁布《关于适应新形势进一步加强和改进中小学德育工作的意见》(中办发〔2000〕28 号文)，2001 年中共中央颁布《公民道德建设实施纲要》(中办发〔2001〕15 号文)，2005 年颁布《中共中央国务院关于进一步加强和改进未成年人思想道德建设若干意见》，等等，一系列文件倡导、鼓励和要求全国各部门、单位和个人积极行动起来，加强职业道德建设、公民道德建设，为构建和谐小康社会而奋斗。

四川省委、省政府也采取了很多措施来推动公民道德和职业道德的建设与发展。1998 年，四川省人事厅就做出了“关于机关事业单位技术工人技术等级考试考核增设职业道德课程”的规定；2003 年 7 月，四川省委宣传部、省广播电影电视局、省新闻出版局、省新闻工作者协会颁布《关于禁止有偿新闻的规定》；2008 年 7 月，成都市人民政府办公厅发出通知，要求全市区（市）县政府、市政府各部门按照《成都市行政机关公务员职业道德规范（试行）》执行，加强公务员职业道德建设工作；2011 年，四川省公务员局在《2011—2015 年四川省行政机关公务员培训规划》中明确规定，提拔担任县处级以上领导职务的公务员须达到规定培训时间要求，确因特殊情况在提拔前未达到要求的，须在提任后 1 年内完成规定培训，仍未完成的要延长试用期。此外，未来 5 年，四川省全体公务员还将迎来职业道德轮训。

这些措施无疑都是对职业道德建设的推进，将对四川省的职业道德建设产生十分深远的影响。

二、加强职业道德建设的途径和措施

（一）加强宣传教育，提高从业人员的职业道德自律意识

宣传教育应从三个不同的层面进行，一是国家和政府的宣传教育，重点在于从业人员的基本职业道德行为的理论和实践；二是行业主管部门结合本行业工作的特点，重点宣讲行业规范和行为要求，结合优秀代表及典型的行业职业道德失范案例进行职业培训；三是企事业单位内加强组织纪律建设，树先进、抓典型、批歪风等活动，打造良好的企（事）业文化，对员工进行引导。

（二）定期轮换从业人员岗位，保证从业人员工作质量

实行有计划的从业人员轮岗制度，有利于加强从业人员的内部监督，在机构内部形成换岗交接清查的内部检查和牵制机制，防止贪污腐化、怠职渎职行为的出现；有利于提高从业人员的业务素质，使他们能掌握多种岗位技能，促使从业人员管理水平整体提高；还有利于调动从业人员的工作积极性，通过接触不同内容和形式的业务岗位，稳定从业人员的工作心态，激发从业人员提出业务

工作的新思路和新思想。

（三）建立和完善从业人员职业道德评价体系

从业人员行业职业道德评价体系的建设和完善有助于促进从业人员职业道德的养成和执业实践，有利于对从业人员职业道德的监督和检查。职业道德评价本身包含多层次的道德要求和标准，可以实现广泛性与先进性、现实与理想的统一，兼顾高、中、低层次的道德培养。职业道德评价体系的建设，首先要根据社会产业发展实际，分行业建立内容全面、操作性强的职业道德评价体系；其次，构建各行业《从业人员职业道德基本准则》框架，规定行业从业人员最低行为标准具体准则、从业人员理想行为标准的基本原则两大层次的基本内容；按执业行为规则，对其具体内容加以说明和阐释，使得从业人员职业道德观念、职业道德标准具体化、人格化，增强说服力、感染力。让从业人员执业有律可循，有法可依，便于从业人员自律，也便于他律。

（四）加大行业监管力度，建立和完善从业人员职业道德奖惩机制

职业道德评价保障不仅依靠从业人员的自律，更为重要的是依靠职业道德的他律。通过监督和检查、督促和教育，帮助从业人员提高职业道德水平。因此，首先在组织内部要形成有效的内部监督制度，相互制约，相互监督，有效避免和消除一些管理上的漏洞，形成各相关部门和人员的相互制约、奖惩分明的内部监管机制；其次，要健全和完善以行业自律监管为核心、辅以公众舆论评价的社会监督体系，以此约束和监督本行业从业人员的职业判断；第三，把行业自律和政府监督相结合，强化政府行政执法的监管力度，加强对职业道德准则、产品（或服务）的质量督查、生产流程和工艺的认证等多渠道他律，从而促进从业人员职业道德的真实可靠，增强从业人员行为的客观性、公允性及满意度。

（五）培育良好的从业人员诚信环境

通过各种形式搞好宣传和社会监督工作，营造从业人员遵守职业道德的社会舆论氛围。利用报纸、广播、电视，以及公益广告、

城市雕塑、组团宣讲等多种形式，全面、系统地传播、阐释从业人员应有的职业道德规范，营造浓烈的舆论氛围，在职业道德观念与行为上对从业人员施加影响，使其逐步渗透到从业人员的思想深处，从而净化其内心世界，改善其认知标准，真正树立符合道德规范的世界观、人生观和价值观。

（六）健全社会道德监控机制，加强职业道德的制度化、法规化建设

法律是道德的下限，守法是最起码的道德要求。当前，我国法制急需进一步健全，特别是要加强职业道德本身的立法和制度化建设。目前有许多国家把越来越多的道德规范纳入到社会的法律规则体系之中。文明程度越高、法治越完善健全的国家，其法律中体现的道德规范便越多。我国目前正处在经济转型的特殊时期，重视职业道德的法制健全，用法律法规来约束从业人员的职业道德，无疑是必需的也是有效的途径。

【思考与探索】

1. 当前职业道德建设存在哪些问题?
2. 根据社会生活现实，简要分析职业道德失范的主客观因素。
3. 当前职业道德失范现象对社会发展产生了怎样的影响?
4. 加强职业道德建设的途径和方法有哪些?

第三章　职业道德建设

【本章要点】本章阐述了职业道德与国家、社会、经济、文化建设的共生关系，着重阐述了职业道德教育和培训的概念、内容、意义、作用和途径，并客观剖析了职业道德教育和培训中存在的问题，提出公民个人、组织及政府、社会推进职业道德建设的措施。加强职业道德建设，功在当代，利惠千秋。

职业道德建设与经济社会的发展状况息息相关，自改革开放以来，我国的经济社会一直呈现出快速发展的态势。2012 年，我国 GDP 超过了 50 万亿元，达到 519 322 亿元，35 年来经济年均增速达 9.8%，成为全球第二大经济体，成功实现从低收入国家向中上等收入国家的跨越，创造了人类经济发展史上的新奇迹。快速发展的社会现实使得人们的职业道德观念也随着这种快速发展的态势而变化，人们对当前的职业道德产生了不同的认知，不同的道德观念开始相互碰撞、摩擦。

有鉴于此，我们该怎样来看待我国职业道德的建设现状呢？颇有代表性的观点就是职业道德“爬坡论”和“滑坡论”。“爬坡论”的支持者认为，社会发展必然会带来职业道德水平的提升，尽管当前职业道德现状并不能完全满足社会发展的要求，但加强职业道德建设的呼声却越来越强烈，对职业道德建设提出的要求也越来越高。我国职业道德会处于不断进步的状态。“滑坡论”的支持者则认为，当前中国职业道德建设存在诸多方面的问题，职业道德失范现象频频出现，职业信仰、信念缺位等都是其表现。持这种观点的人不仅悲观地看待当前的职业道德现状，并且也对职业道德的建设前景持悲观态度。无论是“爬坡论”还是“滑坡论”，其争论的前提条件是双方都一致认同的，即当前中国职业道德现状堪忧，不能满足社会经济文化快速发展的客观要求。

本书第二章已经剖析了当前职业道德建设存在的问题及因此引发的负面影响。这些论述已经表明当前中国已步入“风险社会”，某些局部冲突或突发性事件往往会导致社会性危机，而这些局部冲突或突发性事件产生的根源便是社会上存在的“风险因素”。这些“风险因素”呈现出多维度的特征，即广泛存在于政治、经济、文化和社会等领域，并会在特定的社会环境下与其他“风险因素”相互作用而使得局部冲突或突发性事件被扩张或放大。而信息的快速流动和持续扩散可以将原本微小的“风险因素”持续放大，不但会导致更为复杂的社会问题出现，还有可能演变为影响全社会的重大群体性事件。

从纵向发展的角度来看，“风险社会”产生的根本原因在于，社会生产关系的调整会导致从业人员在生产实践领域的一系列变化，而相应的职业道德规范的建立或调整却往往滞后，未能有效跟进社会生产关系的这种调整。职业道德建设的滞后性会导致社会问题出现后，相关行业职业道德的建设才受到关注，其中存在的问题才有机会得到解决。这种头痛医头、脚痛医脚的解决方式又成为社会发展过程中新的“风险因素”。因此，要改变当前中国职业道德现状并规避职业道德领域的“风险因素”，加强职业道德建设是最便捷、最直接的方法。

第一节　职业道德建设的紧迫性和必要性

2011 年 12 月，公安部公布了 10 起制售“地沟油”的典型犯罪案例。其中，江西省南昌市南昌县环宇生物柴油公司制售“地沟油”案对社会震动尤为巨大——相关案情通报，2011 年 6 月以来，该公司大量收购餐厨废弃油脂生产“饲料混合油”，销往广东省东莞市胜辉饲料制品经营部。该经营部经过“深加工”后，这些假冒食用油销给该市中天食品公司等粮油食品经营加工企业及粮油批发

市场经营户。现已查明，该案共制售“地沟油”1 600余吨，案值1 300余万元。这再度引发了国人对食品安全的恐慌。

2009年4月，《中国青年报》社会调查中心通过调查网对全国12 575名公众进行题为“哪些职业的职业操守缺失现象最为严重”的调查。《中国青年报》公布的相关调查结果表明，74.2%的被调查者认为医生是职业操守缺失最为严重的职业，公安干警、教师、法律工作者等行业也是“榜上有名”。在这项调查中，73%的受访者表示，职业操守底线一再被突破的原因是人们对利益的过度追逐，忽略了职业信用对职业发展的重要性。

以上案例表明，加强职业道德建设迫在眉睫，应从以下方面注意。

一、“以德治国”方略与职业道德建设

自夏周时期起，“以德配天”“敬德保民”等礼治思想便获得统治者的认可。而“以德治国”的思想可以追溯到两千多年前的儒家，孔子对德治有着精辟的论述。其认为，“为政以德，譬如北辰，居其所而众星共之。”儒家后来的承继者荀子也把“礼”和“刑”视为治国的基本手段，提出“隆礼”而“重法”，主张“德主刑辅”的治国之策。儒家将前人的理念、执政实践加以总结，形成了“以德治国”的政治道德规范，强调道德是治理国家的手段。随着社会的不断发展，“以德治国”也随着经济、文化和社会环境的变化而被赋予新的内涵。

在当代中国，工业化、信息化的进程不断加快，这就导致生产力得到进一步发展，生产关系的变革更加深入，社会分工也更为细化，人们对人与自然、人与社会乃至人与人的和谐发展产生了需求。社会主义职业道德建设作为维持上述关系和谐发展的黏合剂已经凸显出其内在的社会意义。2006年，党的十六届六中全会通过的《中共中央关于构建社会主义和谐社会若干重大问题的决定》阐释了“以德治国”方略对构建社会主义和谐社会的重要意义。建设社会主义职业道德已经成为构建社会主义核心价值体系的重要组成

部分。

“以德治国”坚持以“为人民服务”为核心和集体主义原则，是我们党对道德建设的一种新的科学认识。“以德治国”有助于建设与社会主义市场经济相适应的道德规范体系——社会主义核心价值体系，“以德治国”坚持以“为人民服务”为核心。为人民服务是社会主义市场经济发展的内在要求，也是社会主义道德的基本规范。“以德治国”，还必须坚持集体主义原则。集体主义是社会主义道德的基本原则。

“以德治国”要求每个公民爱祖国、爱人民、爱劳动、爱科学、爱社会主义。在社会主义市场经济发展过程中，人们的道德关系具有多层次性。其中，最基本的道德关系，就是正确处理与祖国、与人民的关系，以及对劳动、对科学、对社会主义态度。这是当代中国社会进行理想信仰教育和道德建设的“底线”，是社会主义基本道德观的主要内容。

“以德治国”，就是要建立与社会主义社会发展相匹配的道德体系，使之成为公民普遍认同和自觉遵守的规范。良好的社会道德不仅反映出社会成员的思想意识和道德水平，还有助于营造和谐的社会氛围，更能够通过道德自律、他律意识的提升来促进社会经济的发展。“以德治国”方略，可以说，与职业道德建设有着相互倚靠、相互促进的辩证关系——“以德治国”需要职业道德并能够促进职业道德建设，而职业道德本身是德治基础，职业道德建设是贯彻“以德治国”方略的重要途径。

二、现代化建设与职业道德建设

“现代化”一词源自西方，主要是指带有变革性的过程和结果。工业革命带来了生产力的发展并进一步引起经济、社会领域的变革。现代化不仅是社会发展必须经历的一个阶段，同时也是人类发展历程不可避免的趋势。可以说，现代化促使社会形态从传统社会向现代社会转变。社会学家E•迪尔凯姆认为，现代社会系统产生了新的道德模式和规范体系，这些规范远不如传统社会的规范那样

刻板，因为它们不得不照顾人们更加复杂和多变的社会行为。现代社会是一种更为文明、较少刻板公式和允许个人有更大自由的社会，道德体系和规范是社会整合的基础。由此看出，推动现代化建设的基础之一便是道德，而职业道德作为道德的重要组成部分在推动现代化建设的过程中扮演着十分重要的角色。

现代化建设的推动需要社会保持团结、和谐的状态。马克思认为，人的本质是“社会关系的总和”，人必须生活在社会关系网中，社会性生存是人的最基本的需要。人与人之间、人与社会之间的紧密关系便成为维持社会发展的抓手，因为社会分工导致人具有社会性等特征。这种社会性所附带的自然法则和社会规范便使得人们对职业道德产生了需求。而这种职业道德需求的直接作用便是促成社会的团结与和谐，制约各种不利于社会稳定的因素，从而通过职业活动推进现代化建设。

中国正处于现代化建设的关键时期，体制转型、机制转换、产业调整尚未完成，由此便产生了个人心理调整、职业道德重构等一系列问题。2010 年，党的十七届五中全会提出了《中共中央关于制定国民经济和社会发展第十二个五年规划的建议》。该建议指出，包括像专业技术人才在内的各类人才是推动中国现代化建设的重要力量，深入推进职业道德建设是保障各类人才各尽其能的重要手段。由此可见，要实现社会和谐、行业团结并让现代化建设稳步向前发展就必须切实加强职业道德建设。

三、社会主义市场经济与职业道德建设

社会主义市场经济与职业道德具有相互的“双向需求”的特点。一方面，职业道德是一定社会基础的反映并为经济基础服务；另一方面，市场经济作为一种资源配置手段，在不同价值观的引导下会形成不同的市场经济。这个特点的存在是因为市场经济的正常运转依赖于社会分工和商品交换。诚信对社会分工和商品交换意义重大，缺乏诚信就意味着社会分工和商品交换的低效率和负效率，这也就难以保证市场经济的正常运转。从总体上看，诚信作为职业

道德的主要内容之一昭示了职业道德与市场经济之间存在联系。

2008 年 10 月 15 日，《人民日报》刊登了题为《职业道德与市场经济》的评论文章。文章指出，从发达国家的实践看，市场经济与职业道德有着非常紧密的内在联系，或者说如果没有市场经济所要求的职业操守，就不会有市场经济的效率和由此带来的经济发展。可以看出，市场经济与职业道德是一种相辅相成的关系，市场经济为职业道德提供了必要的物质支撑，而职业道德将促进市场经济健康有序的发展。没有良好的职业道德做支撑，市场经济就不成其为市场经济，其结果将严重阻碍社会经济的发展。可以说，职业道德的发展水平会对经济行为起到重要的协调作用。

2001 年颁布的《公民道德建设纲要》已经明确了社会主义职业道德是所有从业人员在职业活动中应该遵循的行为准则。以爱岗敬业、诚实守信、办事公道、服务群众、服务社会为主要内容的社会主义职业道德已经对社会主义市场经济建设产生了深远影响。正如亚当·斯密在《国富论》中指出的，市场经济具有道德前提，职业道德是人们所扮演的社会角色必须遵守的道德底线。

从中国经济建设的历程来看，改革开放 30 多年来，特别是社会主义市场经济制度建立以来，我国经济就一直处于高速发展的状态，GDP 年均增长率均超过 8%，并在 2012 年成为仅次于美国的世界第二大经济体，经济实力明显提高。可以说，社会主义市场经济体制推动了中国经济的发展。这种经济体制不但能够激励人们最大限度地发挥自主性，还有助于增强人们的竞争、知识创新以及义利并重的道德观念。无可否认的是，虽然我国的市场经济体制已经建立，但有待于完善。市场规则的不健全导致社会主义市场经济体制还存在市场经济原则被泛化、拜金主义现象严重、精神价值淡漠而物质享乐主义盛行等诸多问题。这些问题引发了职业道德的失衡，引发了社会公德的失范，形成了严重的社会负效应，制约着社会主义市场经济体制建设的深化和完善。

四、社会主义先进文化与职业道德建设

社会主义先进文化是一种符合当代中国发展的文化模式，其牢牢把握着中国特色社会主义共同理想，并积极倡导社会主义核心价值观、社会主义荣辱观这一道德基础。包括专业技术人才在内的各行各业人员不仅是先进文化的弘扬者，同时还是先进文化的实践者。从本质上看，职业道德实践是社会主义先进文化实践的重要途径，社会主义先进文化的核心是社会主义核心价值体系，而《公民道德建设实施纲要》提出的所有从业人员应当遵守的职业道德规范都包含在社会主义核心价值体系内。也就是说，加强职业道德建设，弘扬社会主义先进文化，是从业人员的重要任务。其具体表现在以下方面：

首先，社会主义先进文化包含了职业道德的共同理想。共同理想的一个重要特征是这个理想能够得到绝大多数社会成员的认同，并作为一种社会信念来支撑社会的发展。共同理想的作用包括三个方面，即促进个人修养的提升、完善职业道德规范，以及提升组织的凝聚力和竞争力。这些作用所产生的意义意味着无论是组织还是个人，要实现职业道德的共同理想就需要遵守职业道德规范并承担社会责任。社会主义先进文化内涵的中国特色社会主义共同理想，具有广泛的社会性，代表了各种职业劳动者的愿望和要求。不论是何种经济成分、何种企业组织形式和何种职业的从业人员，在担负社会责任、实现职业理想的过程中，都不能偏离共同理想的方向。

其次，社会主义先进文化囊括了职业道德的荣辱观念。恩格斯认为，每个社会、集团都有它自己的荣辱观。这种观点的取向意味着不同的社会制度、不同的社会群体会产生不同的荣辱观念以及评判荣辱行为的标准，而这种标准产生的根源便与个人的社会地位、社会风气、传统习俗等因素相关。在当代中国，社会主义制度催生了社会主义荣辱观，社会主义先进文化引领了职业道德及其建设的价值取向。利益的分化和文化的多元带来了价值观的多样性，这就导致这种价值取向存在以马克思主义为指导思想、承认差异、包容多样、扩大价值认同等特点。2006年，党和政府首次提出要树立社会主义荣辱观，力求坚持以社会主义核心价值体系引领社会思潮，尊重差异，包容多样，最大限度地形成社会思想共识。可以看出，社会主义荣辱观是在新的历史条件下具有社会普适性的道德规范，与社会主义先进文化高度契合并能够对社会主义先进文化产生巨大的推动作用。

最后，社会主义先进文化保持了职业道德的时代特点。社会主义职业道德继承了传统道德的优秀成分，强化人的道德修养。社会进步和发展不但催生了许多新的职业，而且引起从业人员的就业观、劳动观和职业观的巨大变化，这些变化必然要在职业道德中反映出来。在当代中国，社会主义先进文化强调爱国主义和改革创新，是职业道德建设保持时代性和先进性的保障。缺乏社会主义先进文化的支撑无疑将影响职业道德建设的进程。

五、社会主义和谐社会与职业道德建设

说到和谐，大到整个国家与外部世界的和谐，小到个人自身、人与人之间的和谐。一个社会的和谐需要多个层面的共同和谐来加以建构和维持。从社会发展的角度来看，确保社会经济的和谐发展对构建社会主义和谐社会至关重要，而职业道德建设则是确保社会经济和谐发展的重要手段。职业道德的最终目标就是要促进社会经济的和谐发展。在经济社会中，商品和劳务的实物形态要转化为货币形态，要顺利实现整个社会的经济行为，职业道德的支撑可以说是必不可少的。这其中的原因在于职业道德通过他律机制的鞭策和限制让从业人员实现自律。也就是说，加强职业道德建设能产生推动经济发展和社会和谐的精神动力，并给经济社会的和谐发展带来最大的效益。

社会的和谐除了上述提到的物质利益层面的和谐外，从个人关系的角度看，也包括精神道德层面的和谐，即和谐的人际关系。和谐的人际关系不仅是构建社会主义和谐社会的现实基础，也是维持社会个体的社会生活正常运转的重要前提。人与人之间就应该诚信

友爱、团结协作。职业道德作为一种黏合剂，在构建社会主义和谐社会中能够产生多重有效作用。这包括促进从业人员与服务对象之间关系的和谐，促进职业活动与从业人员之间关系的和谐，促进职业与职业之间关系的和谐，以及促进生产力的发展和巩固和谐社会的物质基础。这些作用体现出职业道德与社会生活密切相关，政府当前大力倡导的和谐社会的建构就应当有效把握这多重关系来推动职业道德的建设。

总之，职业道德建设是一个持续性的过程，相关的职业道德规范也处于不断完善的状态。这就意味着职业道德建设对构建社会主义和谐社会所做出的贡献将会一直持续下去，并对今后社会的全面发展产生深远的影响——促进经济社会全面协调可持续发展，也为建立和谐的人际关系奠定道德基础。

第二节　职业道德的教育和培训

处于社会转型时期的中国，各种思维方式、价值观念产生了剧烈的碰撞，深刻地影响着人们的道德观念、道德情感和道德行为。一方面，人们的竞争意识、效益意识、民主法治意识大大增强；另一方面，拜金主义、唯利是图和其他一些不正确的思想意识与道德观念也滋长丛生。市场经济本身的功利性等负面因素，对各行各业的职业道德规范形成了巨大且影响深远的冲击。因此，展开职业道德的教育与培训是当前社会发展的迫切需要。

2011 年 11 月 3 日，《华西都市报》发表了题为《职业道德教育与培训：管用才是硬道理》的评论文章。该文章认为，一个社会必须有其道德底线。任何国家、任何时代，没有职业道德的社会都是不可想象的。唯有每个行业都能注入一些职业性的道德血液，作为整体的社会道德与伦理才能慢慢建构起来。这种职业性的道德血液的注入方式就是要对从业人员进行“灌输”，其表现形式便是职业道德教育与培训。

一、职业道德教育与培训的概念、意义和作用

目前，各行业的职业道德水平参差不齐。影响各行业职业道德水平的因素很多，综合起来，大致有四个方面：首先，较多从业人员及社会各界人士对社会主义职业道德的认识有待提高，这些人的认知观念不是将其等同于一般的职业道德规范，就是对社会主义职业道德中一些承继于传统美德的观念缺乏时代认识。其次，目前我国正处于社会经济制度转型阶段，计划经济职业道德与社会主义市场经济条件下的职业道德不尽相同，这样的现实状况使得从业人员出现思想偏差。再次，西方文化的侵入影响，特别是西方文化中的负面因子，如拜金主义等对从业人员的冲击等，对其产生了较大的冲击。最后，社会经济活动中大量新增从业人员未能接受良好职业道德教育且受前三项因素的综合影响，其职业道德水平在很大程度上影响了从业人员职业道德的整体水平。各行业如何加强职业道德建设，引导从业人员形成适应现代社会发展需要、德才兼备、知行统一的高素质劳动者，已逐渐引起人们的重视。在这种情况下，职业道德的建设离不开职业道德的教育和培训。

（一）职业道德教育与培训的概念

在现代社会中，教育是一个耳熟能详、众所周知的概念。我们从小到大接受的教育包括幼儿园、学前班、小学、中学、高中（职高）、大学等。在《说文解字》中，教育一词被解释为“教，上所施，下所效也”“育，养子使作善也”。在英语等西方语言中，教育一词源于拉丁文 educate，本义为“引出”或“导出”，意思就是通过一定的手段，把某种本来潜在于身体和心灵内部的东西引发出来。从定义层面来看，教育有狭义和广义之分。狭义的教育主要是指学校教育，即教育者根据一定的社会要求和受教育者的发展规律，有目的、有计划、有组织地对受教育者的身心施加影响，并期望受教育者发生预期变化的活动。广义的教育泛指一切有目的地影响人的身心发展的社会实践活动。教育的本质属性是人类对自身施加的一种认识和改造客观世界及自身的积极影响。其最终目的就是

要达到“教”而“不教”，即力求让受教育者获得自我反思、自我管理的生存和发展能力，并以正确的习惯和态度加以对待。

职业道德教育当属广义上的教育。职业道德教育是所在行业或单位根据一定社会的要求、职业岗位情况和从业人员的发展状况，有目的、有计划、有组织地影响从业人员身心发展的社会实践活动。因此，职业道德教育的实践途径和手段便呈现出多样化特征，几乎包含了从业人员各个方面和领域。其主要有以下八个方面。①职业道德自学自修：从业人员根据职业岗位要求，通过观、读、问、行，加深对职业道德规范的记忆、领悟、认知和行动，并使之成为自己的职业习惯的活动。②职业道德培训：从业人员通过组织或上级部门安排，以脱产或不脱产的方式参加相关培训班，对职业道德规范、行为要求、职业操守进行系统学习的活动。③老同事/师傅的言传身教：从业人员按领导或上级安排，通过与同事/师傅的共同作业，熟悉、掌握相关专业技术和职业行为的活动。④组织文化影响：从业人员所在组织，运用组织文化的多种表现形式，潜移默化地影响、熏陶和感化从业人员，使之逐渐将职业道德规范和要求融入自己的职业行为活动中。⑤组织内外环境的影响：从业人员所在组织，运用组织内外环境的各种符号、行为等，潜移默化地影响、熏陶和敦促从业人员，使之逐渐将职业道德规范和要求融入自己的职业行为活动中。⑥政府相关部门的监督：通过政府及相关职能部门对符合职业道德的行为进行表彰及对不良道德行为加以监督、惩处，警示从业人员，并使之遵从职业道德要求，改变职业道德行为方式的活动。⑦社会公众舆论的监督：一是公众舆论对符合职业道德规范的行为加以赞赏、表扬，对不良职业行为进行批评、指责，约束、引导从业人员，使之遵从职业道德规范的活动；二是新闻传媒机构对职业道德规范的宣传、报道，以赞赏、表扬或批评、曝光等形式引导、激发从业人员遵从职业道德规范的活动。⑧学校教育：主要针对即将进入职业岗位的青年从业人员，根据他们所从事的专业、行业或岗位情况，进行普识性职业道德学习的活动。

由此可见，职业道德教育不同于一般意义上的知识教育，也并非一般技术培训可以代替的。职业道德教育因各行业的性质以及职业道德要求存在差异。各行业，特别是特殊行业，组织专门的职业道德培训的确是一个行之有效的职业道德教育途径。

（二）职业道德教育与培训的意义和作用

职业道德是社会公共道德的有机组成部分。由于职业工作在一个公民的公共生活中占据着十分重要的地位，因而职业道德教育与培训对培养公民的个人道德修养和职业道德素养将产生十分重要的影响。同时，其也会对社会主义社会精神文明建设、对个人道德修养的整体提升产生不可替代的作用。职业道德教育与培训已经成为推动全社会各行各业职业道德建设的重要途径。

1. 职业道德教育有助于培养和提升个人的职业道德修养

一个人的职业道德水平决定了其职场行为。这就意味着良好的职业道德修养将有助于规范和完善个人自身的职业行为和未来的职业生涯。作为提升职业道德修养之途径的职业道德教育与培训能够为从业人员带来切实的好处。这些好处包括两点：一是职业道德教育与培训有助于培养个人的职业道德意识，同时能明确职业道德规范在组织机构、社会发展中所处的地位；相关的教育与培训能够加深社会个体对其自身行为基本价值判断标准的认知，即告诉工作者哪些行为是社会允许的，哪些是被禁止的。二是职业道德教育与培训能够提升对组织的忠诚度和明确自身的社会定位。

2. 职业道德教育与培训有助于增强组织的凝聚力、竞争力

组织的发展离不开凝聚力、竞争力的建设，组织的凝聚力、竞争力包括团队精神的建构、团队成员的相对稳定、良好的团队形象等方面，职业道德教育与培训即是增强组织凝聚力、竞争力的主要途径。

组织的发展是以人为基础而存在的，无论是欧美国家提出的“人本主义”思想，还是胡锦涛同志在科学发展观中提出的“以人为本”，都说明团队精神的建立需要以个人精神为基础，并逐步积聚这些个人精神。人及其精神是组织发展的核心竞争要素，而职业

道德教育与培训便是提升个人精神并进一步聚集这些精神的途径。

组织内部人员的相对稳定是组织发展的保证。成员间相对稳定的人际关系，对组织的各方面具有相对一致的理解是维护组织稳定的前提。通过职业道德建设，可以帮助组织成员认识组织本身及其当前的发展状态，能够营造良好的组织文化氛围，达成组织内部人员对组织的认同，从而激发员工爱岗敬业的职责意识。

不同的组织类型有不同的维持组织形象的方法。比如，企业形象的维持依靠产品质量和服务质量，政府形象的维持则依靠合理的政策来有效地化解社会矛盾等。其共同之处便是要依靠人作为突破口，企业产品质量、服务质量以及政府的行为都是由人来“把关”的。组织内部人员的职业道德修养将影响组织的“把关”行为，而职业道德的教育与培训无疑将有助于促使组织内部人员职业道德修养的提升，从而能够更加严格地进行“把关”来提升产品、服务的质量或完善政策措施，并以此来进一步提升组织的形象。

3. 职业道德教育与培训有助于提高社会的文明程度

《公民道德建设实施纲要》强调，职业道德建设已经成为社会主义道德建设的着力点之一，应当把职业道德的主要内容具体化、规范化，使之成为全体公民普遍认同和自觉遵守的行为准则。从本质上看，职业道德教育与培训要达成的目标就是促成社会成员各尽其职，恪守已经在社会成员之间达成共识的职业道德规范。该目标的达成会带来两方面的影响：一是有助于公民职业道德意识的提升，并培养其为社会做贡献的意识；二是能够提升公民的劳动效率，并将对职业道德意识的培养转换为实践行动。这就意味着职业道德教育与培训在提升公民道德修养上扮演着十分重要的角色。公民道德修养的提升有助于构建一个民主法治、公平正义、诚信友爱、充满活力、安定有序、人与自然和谐相处的社会，而这样的社会无疑是社会文明程度得到提升的结果。

与此同时，社会文明程度的提高还会反过来进一步促进职业道德建设。这种反作用不仅有助于职业道德建设在更加融洽、和谐的社会氛围中进行；还有助于加强社会成员的职业道德自律意识，减少职业道德失范行为。社会文明程度的提高与职业道德建设相互作用所带来的良性循环无论是对个人道德修养的提升而言，还是对社会的长远发展来说，都是有益的。

二、职业道德教育与培训的发展现状

2011年10月17日，国家公务员局颁布了《公务员职业道德教育与培训大纲》。该大纲明确提出了在“十二五”期间，所有的公务员都要进行职业道德轮训。“忠于国家、服务人民、恪尽职守、公正廉洁”成为培训的主要专题。这四个专题不仅点出了公务员职业道德建设内容的核心，也折射出当前公务员职业道德建设存在的短板。此外，将轮训作为一种规划的形式出现，说明了当前政府对公务员职业道德教育与培训的重视和关注。

从整个社会的发展现状来看，职业道德教育与培训的发展水平能够对职业道德建设的进程产生直接影响。但是，我国当前的职业道德教育与培训无论在数量上还是在质量上均存在诸多不足之处。

（一）当前职业道德教育与培训存在的问题

当前职业道德教育与培训存在的问题不仅包括职业道德教育与培训相对缺失并由此带来的一系列社会问题和负面影响，也包括职业道德教育与培训本身存在的问题。

职业道德教育与培训的相对缺失首先体现在职业道德教育与培训的数量相对较少、频度相对较低；其次是职业道德教育与培训“走过场”的成分居多，学员难以得到实质性的教育与培训；最后是组织机构之间的职业道德教育与培训情况失衡。职业道德教育与培训的相对缺失所带来的影响便是产生一系列的社会问题。这些社会问题不仅影响到行业内部并会波及行业乃至整个国家的整体发展。比如，会计行业从业人员做假账的行为在一定程度上就是因为职业道德教育缺失而引起的，从影响的层面来看，这种做假账的行为无疑会降低会计本身的公信力，也不利于国家经济的整体运行。

职业道德教育与培训本身的不足体现为三点：一是培训对象有待拓宽。职业道德教育与培训需要针对更加急迫的群体，如职业道

德问题相对突出的领域，而不是一窝蜂地进行培训。二是对职业道德教育与培训的认识和定位尚待加强。也就是说，职业道德教育与培训要深入开展就需要组织内部的领导、员工对职业道德教育与培训要有较为统一的认识，这种统一认识包括要认识到职业道德教育与培训的重要性、长期性和有偿性等特征。三是培训措施不足。从当前的职业道德教育与培训发展状况来看，职业道德教育与培训还主要是以授课的形式为主，这种以单向传播为主要特征的传播形式往往会受到学员的抵触。改善这种局面的关键在于组织机构需要将职业道德教育与培训贯穿于学员的日常生活中，融入组织的文化建设中。

产生上述问题的原因在于这些存在的问题更多的是针对职业道德教育与培训自身，当前的职业道德教育与培训机制已经难以有效地解决当前存在的各种问题。同时，诸多从业人员对职业道德教育与培训已经产生刻板印象，这种固有的、带有偏见性的认知使得职业道德教育与培训成为一种“走过场”的培训，无须认真对待。这就使得职业道德教育与培训的实际效果大打折扣。

总之，上述问题已经说明，当前职业道德教育与培训发展现状相对滞后，这不仅严重制约了职业道德水平的提高，也影响到整个社会的道德水平，各行各业大力加强职业道德教育与培训已经成为当务之急。但是，进行职业道德教育与培训并不能只是赶时髦、走过场，而是需要对其原则、主体内容以及方法有了合理的认知后去探索新的解决问题的途径，才能使职业道德教育与培训产生的正面效果最大化。要提升职业道德教育与培训的质量，我们先从职业道德教育与培训应当遵循的原则谈起。

（二）职业道德教育与培训的原则

职业道德教育与培训的原则包括四个方面，即系统性原则、实践性原则、开放性原则和行业性原则。

1. 系统性原则

系统性原则包括三层含义：一是培训内容的系统性，即职业道德教育与培训的内容包括了道德观念、价值观判断标准、法律意识等。二是教学组织的系统性，即职业道德教育与培训是一项系统性工程，这就包括了理论学习、实际运用等多个层面，仅靠理论教导难以有效提升接受培训的从业人员的职业道德修养。三是实施方案的系统性，即职业道德教育与培训需要具有一定的针对性，要结合接受培训人员的实际情况，并针对当前社会、组织、个人较为突出的职业道德问题进行教育和培训。

2. 实践性原则

实践性原则是指接受职业道德教育与培训的从业人员需要将职业道德规范运用到实际工作中，因为职业道德只有在具体的职业行为中才能得以体现。接受职业道德教育与培训的从业人员，应当将职业道德规范与自身的职业行为加以比照，找出自身的不足之处。只有这样才能达到职业道德教育与培训的目的。

3. 开放性原则

开放性原则是指随着科技、社会的不断发展，新的职业会不断产生，这就会出现新的职业道德规范，这就要求职业道德教育与培训能够根据社会环境的变化、职业特点的变更对职业道德教育与培训的内容加以调整。培训形式的多样化是开放性原则的另一大体现，这种多样化包括邀请业界名人进行相关专题的讲座、组织内部员工进行相互交流等，从而提高接受培训的从业人员的学习积极性。

4. 行业性原则

行业性原则是指职业道德教育与培训必须针对行业的特殊性，量体裁衣，制订特殊的教育与培训计划。我们在讨论职业道德的特征时就已经提出，不同的行业有着不同的职业道德规范。比如，针对财会从业人员的教育与培训和针对新闻出版从业人员的教育与培训是截然不同的。要想达到理想的效果，行业性原则就不可被忽视。

（三）职业道德教育与培训的主体内容

职业道德教育与培训的主体内容包括职业道德意识和职业道德实践两个方面。其中，职业道德意识包括职业道德观念、职业道德

情感、职业道德精神等。首先，职业道德观念包括对职业道德规范的整体性认识、对自身所属行业的基本状况和职业道德规范的认识，以及相关的法纪观念和价值观念。对相关从业人员的教育与培训，应当首先提供关于职业道德规范的整体性认识。这是因为职业道德规范的树立需要从业人员对整体概况有较为全面的了解，不然会出现“只见树木，不见森林”的现象。其次，职业道德情感主要包括对所从事职业的责任感、荣誉感和使命感，这种情感一旦能够成功培养将会成为个人发展的推动力量，也能提升相关组织的职业道德水平。职业道德情感的培养是一种长期行为，并且需要融入具体的职业行为中，否则这种情感将不会作用于从业人员。最后，职业道德精神是从业人员应持有的一种职业信念。意志力、职业理想是这种职业信念的有机组成部分。要培养从业人员对职业发自内心的真诚信仰和强烈责任感就需要职业道德精神的支撑。

基于职业道德意识培养的内容，职业道德实践该如何展开呢?具体来说，职业道德实践包括职业道德行为和职业道德行为习惯。职业道德行为受职业道德意识的支配，这就意味着职业道德教育与培训的重点在于有效地衔接职业道德意识与职业道德行为之间的关系，并促使从业人员在此基础之上将良好的职业道德行为转化为一种习惯。但是，职业道德行为习惯并不是一蹴而就的，而是需要一个长期实践才能逐步养成的过程，需要从业人员对职业道德意识和职业道德行为不断地进行强化。职业道德教育与培训的终极目标是促使从业人员养成良好的职业道德行为习惯，而职业道德教育与培训需要实现的是传授养成良好的职业道德行为习惯的方法。

（四）职业道德教育与培训的方法

职业道德教育与培训的方法必须具有实用性和有效性。在实际进行职业道德教育与培训的过程中，确立目标、进行评价和移入感情是进行职业道德教育与培训的主要方法。

首先，确立目标是指职业道德教育与培训需要明确的导向，职业道德教育与培训形式的确定、内容的安排都必须围绕已经确立的目标来设定。因此，确立目标是确保职业道德教育与培训行之有效的基础。其次，进行评价是考核职业道德教育与培训确立目标的可行性和培训的效果。评价的指标可以包括职业道德理论知识的把握、职业道德实践能力评估等。这些指标可以与从业人员的实际利益挂钩。相关的评价不能仅仅以结业考试的分数来衡量，而应当从从业人员实际的道德实践中加以考核并以此建立一种长效的评价机制。最后，引入情感是指在具体的培训过程中，授课者不能只进行理论教授，而是应当将这些理论知识融入实际的职业道德行为中。情感在这里起着催化剂的作用，不仅更易达到培训目标、激发从业人员学习积极性，还能够使从业人员更加深刻地意识到具备职业道德意识将对个人未来的职业发展产生深远的影响。

三、探索开发职业道德教育与培训的新途径

针对当前职业道德教育与培训存在的各种问题，通过分析找出了问题的症结所在。根据职业道德教育与培训的原则、主体内容和方法，探索和开发职业道德教育与培训的新途径可以从三方面入手。

首先，职业道德教育与培训的理念决定了其形式和内容，因此新的理念是支撑职业道德教育与培训创新并取得理想效果的基础。所以我们应当借鉴国内外相关的优秀成果，并结合本土实际寻找适合当前需要的新理念。这种理念应当与时俱进，能与职业道德教育新的需求相吻合。

其次，对新途径的探索可以集中到职业道德教育与培训的形式上。当前的职业道德教育与培训多以授课的形式为主，而且这种授课还多是“一言堂”；接受培训的人员不仅缺乏交流，其实践环节也非常有限。因此，对职业道德教育与培训形式的探索就需要注重多种教育与培训形式的有机结合，让整个职业道德教育与培训过程变得生动、有趣，力求提高学员学习相关理论知识和进行职业道德实践的积极性，这是相关教育与培训需要遵循的重要原则。有鉴于此，可以尝试以下新的职业道德教育与培训形式：①开展讨论会，加强组织内部之间的互动交流；②邀请业界名人进行专题讲座、开

设案例课程等，促使授课形式多样化；③开展行业内部的职业道德交流会，共享职业道德建设的经验；④完善职业道德教育与培训评估机制等。

最后，职业道德教育与培训的内容是改革的重要目标。职业道德教育与培训的质量将影响接受培训的从业人员对职业道德观念的理解与认同。在这种情况下，对职业道德教育与培训的内容选择和探索就必须遵循一些重要的原则：①职业道德教育与培训的内容要与本行业的最新动态有机结合，要促使学员意识到行业出现的新问题与职业道德之间存在怎样的关系，并使学员意识到忽略这些问题需要承担怎样的后果；②职业道德教育与培训的内容需要与区域发展的实际相结合，特别需要强调在该地区突出存在的职业道德问题，并让学员明白这些问题所产生的负面影响；③职业道德教育与培训的内容需要与组织自身的实际现状、文化理念有机结合，要让从业人员明白自己当前的工作岗位需要遵守的职业道德规范的特殊性，以及遵守职业道德规范对组织本身的建设和发展所具有的重要意义。

总之，对职业道德教育与培训新途径的探索和开发是一个长期过程，并非一蹴而就。无论从哪个方面对职业道德教育与培训进行探索和开发，都需要具有与时俱进和面对挫折永不放弃的精神。只有这样，对职业道德教育与培训的探索与开发才能做到有的放矢，协助从业人员实现知识、意识的不断更新，并养成良好的职业行为习惯。

第三节　促进职业道德建设的措施

前面谈到我国现已进入“风险社会”以及“风险因素”对整个社会所带来的负面影响，在社会发展的过程中，规避这些“风险因素”便是加强职业道德建设的核心。从社会发展看，职业道德建设具有全民性的特征，这种全民性不仅能促使组织内部而且能促使不同组织之间形成良好的互动并以此带动社会道德水平的提升。在全民参与的这种维度中，政府、组织和个人都应发挥各自的作用，积极参与其中并履行各自的职责，切实加强职业道德建设。

一、明确政府职责　营造职业道德建设的和谐氛围

职业道德建设离不开管理者对整个建设过程的监督和管理，而政府有效的监督、管理才能为职业道德建设创造良好的条件。要达到这样的目的，政府需要履行的职责有三个方面。

（一）制定并完善与职业道德相关的法律法规

法律法规是维持社会正常运转的必要工具，不仅为各行业制定行业内部的职业道德规范提供了法理依据，也是从业人员对自身职业行为进行约束的重要依据。职业道德建设虽然属于道德范畴，但是，对职业道德的维持是一种义务，没有法律手段的配合就很难使从业人员去履行相应的义务。当前，我国并没有建立“职业道德法”，关于职业道德的法律法规主要是散布在各行业的法律体系中。比如，《公务员法》《建筑法》，以及《刑法》《民商法则》等都有对职业道德失范行为需要承担的法律后果的相关规定。因而完善相关领域的法律法规是政府相关部门的当务之急。

（二）完善与职业道德相关的政策措施

2012 年 3 月 1 日，中国文联第九届全国委员会第二次全体会议通过了《中国文艺工作者职业道德公约》。该公约强调，坚持爱国为民、弘扬先进文化、追求德艺双馨、倡导宽容和谐、模范遵纪守法是文艺工作者应当遵守的基本职业道德规范。中国文联的相关负责人认为，该公约制定的重要依据是党的十六届六中全会通过并大力倡导的社会主义核心价值体系。这个事例已经说明政府的相关政策措施具有导向性特征，这种特征不仅能够为各行业建立内部的职业道德规范体系提供建设原则和建设方向，还将对各行各业未来的职业道德建设产生极为深远的影响。

（三）对职业道德模范、先进集体予以奖励，对职业道德失范行为给予惩罚

2011 年 11 月 15 日，四川九洲集团公司机械制造中心职工何

锡勇荣获“全国职工职业道德建设标兵个人”荣誉称号。作为该机械制造中心表面处理电镀班班长，何锡勇自参加工作以来，二十二年如一日，矢志不移，扎根电镀有毒有害作业岗位，甘于默默奉献，善于创新实践，钻研新技术、新方法、新途径。他先后完成多项电镀技术革新项目，仅“XXX 机基座锌镍合金电镀工艺”一项，就为企业直接创造了经济效益 70 多万元。何锡勇因此获得了省部级和公司级的奖励。政府的奖励不仅对先进个人和集体的行为加以了肯定，而且也刺激其他从业人员和集体去实践这些先进的职业道德行为和理念。

奖罚分明才能弘扬正气。自 1994 年以来，中国足球便走向职业化的道路，这本身对中国足球的发展颇有益处。但是，一些球员、教练员、管理人员及裁判员等相关从业人员的职业道德水平和行为规范存在许多不足之处，其中更有一些球员、教练员或俱乐部管理人员为了个人经济利益而出现了诸多影响较大的消极比赛、踢假球等道德失范的事件。随着 2012 年 2 月中国足坛反赌扫黑系列案件迎来一审公开宣判，昔日足球场上风光无限的“金哨”“银哨”和部分前足协官员纷纷锒铛入狱，很好地肃清了当今中国足坛的不正之风，对其他行业的职业道德建设也起到了警示作用。

上述案例很好地说明了政府部门可以通过奖励个人和组织，鼓励和弘扬良好的职业道德行为；也可以通过惩罚，警示人们不要有职业道德失范行为。无论是给予奖励还是给予惩罚，都是政府部门推动职业道德建设的一种表现，并力求在这个过程中，产生示范效应。其作用不仅在于对个人或组织本身进行鼓励或惩罚，而且还力图让其他个人或组织模仿或规避相关的职业行为。

二、健全运行机制　完善行业规范

职业道德的机制包括激励机制和约束机制。在具体的运行过程中，这两种机制各自发挥着独特的功效，不可相互替代。只有当这两种机制处于一种平衡状态时，才能发挥最大、最理想的效果。因此，健全职业道德运行机制就是要不断完善职业道德激励机制和约束机制，从而促使从业人员更为自觉地遵守职业道德规范。

在职业道德建设的过程中，职业道德激励机制是一种催化剂，能造就良好的竞争环境和竞争机制，有助于留住组织内部的优秀人才，吸引优秀人才加盟，促使员工充分发挥其才能并不断进行创新。激励方式是需要重点考虑的要素。因为激励的本质是一种利益分配，合理的分配才能促使效益的最大化，所以物质利益与精神利益并重是解决的途径。只有当从业人员通过恪守职业道德规范能够获得一定利益的时候，才会拥有继续坚持下去的动力，也才会促使更多的为了获取这些利益的从业人员遵守相应的职业道德规范。

职业道德约束机制的有效性则取决于组织的员工、组织本身、所属行业协会以及政府之间能否各自履行相应的职责。监督机制的健全是首要考虑的要素。监督是约束的一种表现方式，不仅仅是一种威慑，还是一种对过程的监管。这些监督机制的举措包括建立职业道德档案、设立举报电话和信访制度、进行民意调查等，对健全行业职业道德规范起到基础性作用。但是，监督并不意味着万无一失，监管漏洞也会随着各方面的不断变化而变化。在这种情况下，建立职业道德的常态运行机制是一个更为合理的选择。我们在前面的分析中，已经明确提到职业道德建设具有较长的周期性，因而常态运行机制是长期维持良好的职业道德风气的基础。这种常态机制包括制度落实（行业的道德规范要以明确的条款列出，成为责任落实和道德评价落实的现实依据）、责任落实（当从业人员出现职业道德失范行为时，明确从业人员需要承担的责任，如法律后果等）和道德评价落实（包括定期或不定期对组织员工进行职业道德水平评估，并将相关的评估结果与员工的物质利益挂钩）。监督机制与常态运行机制缺一不可。究其原因，缺乏监督的常态运行机制容易滋生腐败，而缺乏常态运行机制的监督则缺乏进行监督的法理基础。

三、加强传媒舆论监督 助推职业道德建设

大众传媒是当前社会发展所产生的诸多领域之一。这个行业自身的职业道德规范早已建立并相对完善，因其要进行大量信息快速且公开的传播就使得传媒领域对完善其他行业的职业道德规范发挥着独特的作用。传播学家哈罗德·拉斯韦尔认为，传媒具有社会整合功能，通过对信息的选择、解释和评论，把社会各个部分联系起来，协调一致，整合为一个有机的整体，并对社会周围的环境做出有效的回应。这项功能对推动职业道德建设的现实意义在于能够有效地监督职业行为，弘扬正面事迹，扩大其社会影响力；同时能够对社会产生负功能的行为加以揭露，并要求政府的相关部门对其加以调节。

2010 年 6 月 24 日，《华西都市报》刊登了题为《记者暗访：加油站暗藏“偷油婆”成功一次回扣 500 元》的调查报道。该报道揭露，成都某加油站工作人员与物流公司的货车司机形成“默契”进行偷油（不按实际加油数量开具发票）。可以看出，该报道所涉及的加油站工作人员和物流公司的货车司机都存在职业道德失范的行为。经过媒体此番公开的报道，无论是加油站还是物流公司都表示将对相关人员进行严肃处理。

从上述案例可以看出，传媒要产生社会整合的功效就需要加强和完善舆论监督。在当代中国，要达到上述目的，首当其冲的是要考虑中国的传媒现实，即传媒的政治取向和社会价值取向。媒介需要明确所持有的政治立场和对社会利益的态度。只有持有正确的政治立场和符合社会利益的态度，其所做的揭露职业道德失范行为的报道才变得可信，才能助推职业道德建设。与此同时，传媒还必须确保信息来源的准确、可靠，即有获得职业道德失范行为的新闻线索是传媒发挥社会监督功能的先决条件。除此之外，传媒还必须要确保相关信息的真实性，即传媒所报道的职业道德失范现象能够在现实社会中找到，可以说，传媒要助推职业道德建设，确保信息的真实性是基础。

第四节　职业道德建设中的自律

所谓自律，就是自我约束，指在没有人现场监督的情况下，通过自己要求自己，变被动为主动，自觉地遵循法律法规。早在春秋战国时期，《左传·哀公十六年》就记载“呜呼哀哉！尼父，无自律”。唐代丞相张九龄则在《贬韩朝宗洪州刺史制》一文中呼吁：“不能自律，何以正人？”古人对自律在道德中的重要作用有着清醒的认识，并以此作为衡量一个人道德水准的标尺。自律已经成为我国传统道德的重要组成部分。

职业道德自律主要体现在个人的职业行为中，是指个人在不受监督的情况下，自觉遵守职业道德规范并力图避免出现职业道德失范行为。从当前的社会发展态势来看，职业道德自律无疑是职业道德建设的关键。自律行为的出现是以他律作为约束机制的基础，而这种约束机制带来的效果便是自律意识的产生。这就意味着职业道德自律意识将成为职业道德自律行为出现的关键。

一、自律意识的重要性

韩非子《喻老》中说：“知之难，不在见人，在自见。”作为一个普通人，难免会有贪婪、自私、懒惰的一面，因而通过他律来加以约束就在所难免。但是，他律的实施具有局限性，在实际的工作和生活中，仅仅依靠他律难以维持社会的正常运转，更多的是需要“自律”来加以支撑。在职业道德领域，自律意识是从业人员形成良好工作作风的基础，从业人员有了自律的意识和习惯，才会时刻警醒、悉心防范、自尊自爱。

职业道德自律的典型案例很多，摩托罗拉公司的报账制度就是其中之一。摩托罗拉公司的财务报账程序十分简单，报账人只需把自己因公发生的票据及报账单填好、封好，扔到专门的箱子里，不用主管签字，经财务人员核实后，第二个月报销的钱就会通过银行自动划到报账人的账户上。摩托罗拉公司这么做，难道没有人会投

机取巧？这就需要职业道德自律意识来约束。员工可以进行偷报，但是，摩托罗拉公司一年有两次审计，一旦发现其职业道德存在问题，哪怕是多报一分钱，也会因这种行为已经违反了公司的职业道德规范而“走人”。

从业人员对职业道德规范形成正确认知并养成良好的自律习惯，是有效地实践职业道德的前提。每位从业人员都必须具备自律意识，因为良好的社会秩序必须依靠所有社会成员来共同遵守和维护。职业道德自律意识对建立良好、和谐的职业道德环境有着十分重要的意义。社会的发展并不意味着职业道德水平的必然提升，当前职业道德领域还存在诸多问题，他律机制带来的职业道德激励机制和约束机制都需要通过社会成员的遵守加以体现。自律便是主要的体现形式，其重要性可以说是不言而喻的。

二、自律意识培养的主要途径

营造和谐的职业道德氛围、完善职业道德激励机制和约束机制、提高从业人员职业道德修养都是培养自律意识的途径。自律意识的培养是一种长期行为，不仅需要他律机制与自律机制的有机结合来确保相关途径的有效性和合理性，还需要采用不同的方法将自律意识融入从业人员的意识中。

首先，自律意识与和谐的职业道德氛围息息相关。从两者关系的角度看，和谐的职业道德氛围无疑有助于培养个人的自律意识，而和谐的职业道德氛围的营造也需要个人自律意识的支持。因此，要营造和谐的职业道德氛围需要良好的社会道德风气支撑。因而职业道德氛围的营造就是一种社会行为，需要每位公民的参与并履行各自的职责。个人的自律意识便成为一种社会需要。

其次，自律意识的培养需要他律机制的支撑。在职业道德领域，职业道德自律意识的培养依赖于职业道德激励机制和约束机制的相对完善。这种完善的他律机制将有助于建立更合理、更具操作性的职业道德规范。这样的职业道德规范将会得到大多数社会成员的认可，并主动加以遵守，而对这种主动遵守行为的培养无疑是在竭力提升从业人员的职业道德自律意识。

最后，道德修养的培养是达成自律意识的重要途径。一个人的道德修养包括了道德观念、知识构成、行为习惯等，其道德素质的高低决定了职业道德修养的高低，也决定了自律意识培养的难易程度。从当前的社会发展现状来看，只有不断提升从业人员的道德修养才能促使其认知到自律意识的重要性，培养从业人员的职业道德自律意识就是要培养从业人员的道德修养，即努力将这种自律意识转变为一种职业道德实践行为。

三、职业道德自律意识的实践

将职业道德自律意识转化为实际行动的过程极为复杂，这是因为个人在具体的实践过程中会受到诸多因素的影响。这些因素包括个人的职业道德修养、行为动机、所处的社会环境等。在这种情况下，我们该如何进行职业道德自律意识的实践呢?

（一）提高个人的职业道德修养

个人的职业道德修养是从业人员将职业道德自律意识付诸实践的基础，也是形成良好的职业道德品质的内在因素。提升个人的职业道德修养无疑已是人们提高职业技能、道德品质必不可少的手段。从实现途径的角度来看，要使自己成为一名有职业道德修养的人需要做到四个方面：①树立正确的人生观、价值观；②努力培养良好的行为习惯；③学习先进人物的优秀品质；④不断同社会上的不良现象做斗争。

（二）端正个人的职业行为动机

行为动机是指人们的行为意愿，是行为主体为实现一定的目标所表现出来的主观愿望和意图。在很大程度上，个人采取某种行为所造成的后果是由其动机的性质所决定的。心理学家马斯洛认为，作为具有社会性的人有五种基本需要，即生理需要、安全需要、社交需要、尊重需要和自我实现需要。这五种需要是互相关联的，但最占优势的那种需要将会支配一个人的意识，并自行组织有机体的各种能量。在将职业道德意识付诸实践的过程中，职业行为动机所

起到的作用就是从业人员将决定采取怎样的职业行为来满足自身的需求，只有当一个人的职业道德自律意识占据支配地位时，职业道德自律行为才会出现。因此，端正个人的职业行为动机取向是将职业道德自律意识付诸实践的关键点，这就要求从业人员不但要努力提高自身的精神境界，努力做到“慎独”，还要学会克制和自我反思，即认识到不正当的需求可能带来的各种不良影响。

（三）正确判断社会环境

社会环境不仅包括从业人员实际所处的工作环境，还包括行业、社会对从业人员的认可。从整体上看，社会环境在从业人员将职业道德自律意识付诸实践的过程中起到重要的作用，这是基于人们的从众趋同心态，同时社会机制所产生的激励和约束机制也会对从业人员的职业行为产生制约。从业人员对社会环境的判断是其将职业道德自律意识付诸实践的重要影响因素。正确地进行社会环境判断首先需要建立正确的判断标准和原则；与此同时，从业人员需要遵守灵活原则，即不对自身建立的判断标准生搬硬套，应当在不同的环境下有所变化，做到具体问题具体分析。除此之外，从业人员还要对社会环境产生的变化具有清晰的认知，即能够根据实际变化采取适当的社会行为。

总之，无论采取怎样的方式加强职业道德建设，都是一种他律的手段，而他律手段要产生效果就必须要将他律意识转换为自律意识并以行动来加以落实。自律意识来自个人自身，并需要他律的手段不断培养，并在实际的职业环境中付诸实践。对于从业人员，特别是专业技术人才，要将职业道德与专业技能放在同等重要的位置对待，要充分认识到因职业道德失范对个人、对组织乃至对整个社会所造成的危害。只有从业人员自身保持警惕，时刻注意自身的职业行为，重视职业道德修养，才能使自身的自律意识自觉运用到实际的职业行为中，做到表里如一。

【思考与探索】

1. 为什么当前需要大力加强职业道德建设?
2. 职业道德教育与培训有哪些意义和作用?
3. 我国当前职业道德教育与培训存在怎样的问题?
4. 简要叙述职业道德教育与培训的原则、主体内容和方法。
5. 政府在职业道德建设中扮演着怎样的角色?
6. 自律意识的培养有哪些途径?

第四章　专业技术人才职业道德建设

【本章要点】专业技术人才是社会主义建设的中坚力量。专业技术人才的职业道德发展水平将直接影响社会整体道德状况。掌握专业技术人才职业道德修养的内容、途径和方法，了解专业技术人才职业道德建设的诉求、原则，有助于社会主义核心价值体系的建设和完善，有助于专业技术人才创新能力的培养，有助于社会主义先进文化的构建，有助于社会和谐和可持续发展。

专业技术人才，是指通过学习某一专业技术领域知识并具备该专业能力的特殊人员。这类人员主要是从事技术工作的尖端人才，具备一定的自主创新能力，并能对社会某个领域的发展产生较大影响。在社会职场，专业技术人才可以说是无处不在，工业、农业、科学研究、科学技术、人文社科、社会管理各个领域都有赖于众多专业技术人才努力工作并促使其发展。

毋庸置疑，专业技术人才是社会各行各业从业人员的中坚力量，他们的支撑和引领能力源自他们的专业知识、从业经验和奉献精神。专业技术人才的专业知识是行业发展进步的基础。专业技术人才依靠自身的专业知识和从业经验，努力培养和发挥自身的创新能力，不断探索求新，推动技术和技能的进步。同时，专业技术人才必须拥有强烈的奉献精神才能在实践和探索中，将知识和能力转化为生产力。《公民道德建设实施纲要》明确规定奉献社会的精神是社会主义职业道德的主要内容。专业技术人才如果缺乏这种奉献精神，其才能的施展必然会受到限制，也很难成为社会发展的中坚力量。推动和强化专业技术人才职业道德建设，就是要提升专业技术人才的专业技术水平，丰富其从业经验，强化和升华其对社会无私奉献的精神，从而为人才强国、人才强省的战略奠定坚实的基础。

我国专业技术人才数量众多。截至 2010 年底，全国专业技术人才总数达到 5 550 万（其中，两院院士近 1 500 人，有突出贡献的中青年专家 5 206 人）。四川省是人力资源大省，截至 2013 年底，四川省专业技术人才总数达到 274.8 万，其中两院院士 58 人。近年来，中共四川省委、省政府十分重视专业技术人才的培养和管理，各市（州）人力资源和社会保障部门紧紧围绕贯彻落实全国人才工作会议和人才发展规划精神，以高层次创新创业人才为重点，改革创新、开拓进取，四川省专业技术人才队伍建设取得了显著的成效。四川省人力资源和社会保障厅一直致力于专业技术人才队伍的建设，不仅要求专业技术人才要加强专业技术能力的修养，还十分注重加强专业技术人才自身的职业道德修养。

科学技术是第一生产力，但专业技术人才如果缺乏基本的职业道德，这一积极的生产力将蜕变为对社会发展进步的破坏力。因此，社会对专业技术人才的社会责任感和道德良知的需求更为迫切，加强专业技术人才的职业道德建设意义重大，刻不容缓。

第一节　专业技术人才职业道德建设的基本原则

专业技术人才职业道德建设虽有其特殊性，但也存在诸多共同要求，《公民道德建设实施纲要》强调的职业道德内容就是这些共同要求最直观的体现，也因此成为专业技术人才必须遵守的职业道德底线，并进一步揭示了专业技术人才职业道德建设需要遵守的四大基本原则——政治原则、诚信原则、责任原则以及服务原则。

一、政治原则

坚定正确的政治方向，在发展中国特色社会主义事业中发挥更大作用。始终坚持党的领导，坚持走中国特色社会主义道路，坚持用中国特色社会主义理论体系武装头脑，牢固树立社会主义法治理念，把个人的价值追求与党和人民的事业紧密联系在一起，把个人

的前途命运与国家和民族的前途命运紧密联系在一起。可见，政治原则是专业技术人才职业道德修养需要遵循的首要原则，正确的政治价值取向是确保专业技术人才为中国社会主义社会做贡献的前提条件，也是专业技术人才遵循其他基本道德要求的先决条件。专业技术人才需要遵守的政治原则具有深刻内涵和现实意义。

专业技术人才需要遵守的政治原则就是要在自身的职业行为中始终坚持四项基本原则，忠于党、国家和人民，从而树立正确的世界观、人生观和价值观。在对外交往的过程中，要始终将国家利益放在第一位，将国家、民族大义放在第一位，这就要求专业技术人才要保守国家机密、敢于同损害国家利益的行为做斗争等。

二、诚信原则

诚信就是诚实、守信用。在我国传统的道德观念中，“信”是传统社会必须遵守的基本道德品质。在我国，自古以来人们都重视诚信问题，孔子曾经说过，“人而无信，不知其可也”；墨子也说道，“言不信者，行不果”。诚信作为最基本的社会道德品质要求，更是在社会的发展中代代相传。党和政府非常重视诚信问题，并大力加强诚信建设。在党的十六届六中全会通过的决议中，就已经明确强调要加强政务诚信、商务诚信和社会诚信建设，增强全社会诚实守信意识。

专业技术人才需要遵循的诚信原则就是在自身的职业行为中，不出现职业道德失范行为，做到诚实、守信用。无论是在哪个领域，专业技术人才往往都是推动从业单位不断发展的中坚力量，对带动所在团队、影响行业风气产生着十分重要的影响。这种社会现实就使得在实际的职业行为中，要求专业技术人才必须遵守诚信原则。

三、责任原则

英国思想家塞缪尔·斯迈尔斯曾经说过：“持久而良好的职责观念是每个人都应具备的起码的品德，也是一个人的最高荣誉。因为每一个高姿态的人都必须靠这种持久的职责观念来支撑。没有持久的职责观念，人们就会在逆境中倒下去，在各种各样的引诱面前把持不住自己。”这段话深刻地揭示了“责任”一词所具有的双重含义：应尽的义务，分内应做的事和应承担的过失。

专业技术人才需要遵守的责任原则就是在自身的职业活动中，不仅应当完成分内的工作，还应当对在工作中产生的过失承担相应的后果。在当代中国，职业活动是一种社会活动，不仅会影响社会，还会受到来自社会的影响。责任原则所包含的职责等道德元素与个人的其他良好道德品质息息相关。这种相互影响的特征和道德的相关性就决定了专业技术人才必须具备责任原则。这不仅是确保社会正常运转的重要前提，更是专业技术人才拥有良好职业道德的重要保障。

四、服务原则

“服务”一词源自商业。在商业领域，服务的含义包括以客户为中心的原则，即围绕着客户的需求展开工作；确保服务质量原则，即通过与客户的交流以期提升服务质量和客户满意度；主动服务原则，即强调在满足客户需求的过程中，要主动协助客户解决遇到的各种难题。在现实社会中，并不是所有的工作都像商业领域那样需要直接面对客户，但是还是会有间接性的接触或受到间接性的影响。因而任何行业的任何从业人员都需要具备强烈的服务意识。

专业技术人才需要遵循的服务原则就是在对职业了解的基础上，以一种积极的态度作用于服务对象，并且充分体现职业的基本功能。当前的社会发展一直提倡“为人民服务”的思想。在《公民道德建设实施纲要》中，“为人民服务”有了具体的内涵，即“它不仅是对共产党员和领导干部的要求，也是对广大人民群众的要求。每个公民不论社会分工如何、能力大小，都能够在本职岗位，通过不同形式做到为人民服务”。从本质上说，专业技术人才要践行“为人民服务”思想就首先需要拥有一定的奉献精神，奉献的不仅仅是专业技术，更是自身的责任心和服务意识，这不仅是自身施

展才华的重要前提，而且会产生示范效应来带动团队中的其他人员。由此可见，服务原则是专业技术人才职业道德的基本要求。

第二节　专业领域的职业道德建设

随着现代社会分工越来越细和专业化程度不断加深，虽然在职业道德的核心原则问题上并无差异，但是具体的行业性质的差异还是使社会各行业的职业道德呈现出一种差异化的规范要求。这就需要身处不同领域的专业技术人才准确地把握自身领域的职业道德规范的特殊要求。

一、科学领域的职业道德建设

科学领域的职业道德核心是科研工作者的学术道德。科研工作者是科学文化知识的创造者和传播者，也是思想建设和技术创新的重要力量。科学领域的职业道德建设不仅会影响到个人的创新积极性和整体的学术氛围，也会影响到一个国家整体的科学发展水平。

让我们先来看一些学术腐败的现实案例。案例一：2009 年，国际学术期刊《晶体学报》在其网站上公布，中国井冈山大学化学化工学院的两位老师两年内在该刊物发表的 70 篇文章存在造假行为，一次性予以撤销，并将该校列入黑名单。次年 3 月，《晶体学报》再次撤销了该校的 39 篇论文，并认为这些论文涉嫌数据造假。案例二：2010 年 3 月 10 日，央视《焦点访谈》栏目以“没有结果的学术成果”为题，报道了西安交大 6 位老教授从 2007 年起，举报李连生涉嫌夸大研究成果、把他人已解决的问题说成自己的发明等学术不端行为；次日，西安交大举行校党政联席会议，宣布李连生存在“严重学术不端行为”，决定“取消其教授职务，并解除其教师聘用合同”。案例三：2009 年，华中师大爆出硕士学位论文抄袭事件，一篇署名为胡春林的硕士论文与广西大学的一篇硕士论文高度雷同。两篇硕士学位论文，除“致谢”内容不同外，标题、中英文摘要、中英文关键词、注释、参考文献一字不差。经过华中师大迅速调查后，胡春林承认硕士论文属抄袭。华中师范大学决定撤销胡春林硕士学位，并收回硕士学位证书。这些案例已经深刻地揭示了我国在科学领域的职业道德建设不尽如人意，实验数据造假、论文抄袭等学术腐败现象一直存在。国家虽然三令五申禁止学术腐败，但仍然没有从根本上改变当前的发展现状。这就意味着在新时期，我国在科学领域的职业道德建设需要提出更高的要求。

人类在对自然、社会的探索中，形成了自然科学和人文社会科学研究。自然无欺，规律无欺，治学也应无欺。在这个领域，严谨治学，一丝不苟，不仅仅是对自己负责，更重要的是对科学负责，对未来负责。科学领域工作的专业技术人才，在提升自身的职业道德修养时更要花大力气，强化自身自律意识和自觉意识并将其付诸实践，不造假，不抄袭，以实事求是的科学态度履行自己的岗位职责。除此之外，要力求在学术上不断取得突破，敢于钻研本领域尚未解决的学术难题，进行多层面的思想创新和技术创新，要敢于挑战学术权威。只有加强了自身的职业道德修养，才能够更好地发现真理，攀登新的科学高峰，为促进我国科学事业的发展贡献自己的力量。

二、文化领域的职业道德建设

党的十七届六中全会通过的《中共中央关于深化文化体制改革推动社会主义文化大发展大繁荣若干重大问题的决定》强调，文化领域要获得大发展、大繁荣，需要专业技术人才的支持，而职业道德建设和作风建设则是推动人才建设的必要条件之一。在当代中国，在文化领域工作的专业技术人才不仅是我国文化产业发展的主力军，更是不断促使在文化领域开拓创新的中坚力量。文化领域的职业道德建设涉及的范围较为广泛，包括文艺领域的职业道德建设、出版领域的职业道德建设，以及新闻领域的职业道德建设等。

（一）文艺领域的职业道德建设

文艺工作者的道德情操会直接影响其创作的精神产品的质量和社会效果。2011 年 11 月，胡锦涛同志在中国文学艺术界联合会第

九次全国代表大会上强调，文艺工作者要始终坚持“德艺双馨”，更加自觉、更加主动地承担起弘扬文明道德风尚的历史责任。在中国历史上，“德艺双馨”一直是文艺工作者所追求的目标。这一优良传统被近现代的许多作家、艺术家继承和发扬。

姚思敏，四川省著名画家，荣获四川省首批“德艺双馨文艺工作者”殊荣。在她的一生中，“德艺双馨”一直是她恪守铭记的道德情操。作为一名文艺工作者，她总是不断攀登一个又一个艺术高峰。无论是被中国军事博物馆收藏的作品《陈毅故居》，还是入选中国首届花鸟展的作品《清凉世界》，她总是在绘画创作上不断探索、不断创新、不断追求完美，运用自身对绘画的独特理解来完成绘画创作，对中国的绘画发展做出了自己的贡献。这种对绘画创作的孜孜以求、殚精竭虑，需要尽职奉献的职业道德来支撑。

怎样才能做到“德艺双馨”呢？首先，文艺工作者必须自觉加强艺术修养，刻苦磨炼艺术技巧，批判地学习中外文化艺术的优秀遗产，不断提高专业水平；其次，要以严肃认真的态度对待创作和演出，要维护艺术的纯真，讲究艺术质量，不用低劣的粗制滥造的作品应付观众；最后，要加强社会责任感，创造高尚的艺术作品和艺术形象，坚持健康的艺术趣味。但是，仅仅在技艺上的磨炼是不够的，文艺工作者需要严格要求自己，树立高尚情操，树立正确的世界观，正确对待文艺批评，虚心听取各种不同的意见。只有不断加强自身道德修养，才能创造出思想性、艺术性统一的艺术成果，才能够更好地为中国文艺事业的发展贡献自身的力量。

（二）出版领域的职业道德建设

出版是文化传承和建设的重要组成部分。出版工作者的任务是发现作品、推广作品，将选定的作品编辑加工后，经过复制向公众发行。在这个领域，“编、印、发”是主要的工作流程，每个环节都有其特殊的要求和职业道德规范，出版工作者需要遵循上述每个环节特定的职业道德规范。

出版工作者最基本的职业道德要求便是对读者负责，在每一个工作环节上都力求做到精益求精。与此同时，首先，出版工作者对稿件的选用要坚持质量标准，善于发现好作品，推广好作品。这就要求其价值判断符合社会主义核心价值观，符合时代对人民素质的要求，要先考虑社会效益，不能片面追求利润，对社会文化造成污染。其次，要尊重作者劳动，维护作者的合法权益，切不可利欲熏心，损害作者的知识产权。

（三）新闻领域的职业道德建设

社会已经历巨大的变迁，新闻工作者的职业道德建设的核心内容随着社会环境的变动和媒介技术的发展也不断得到丰富。在当代中国，新闻媒介是“喉舌”，除了要坚持前面提到的政治原则外，新闻工作者仍需要坚持新闻专业主义，即讲求新闻的客观性、真实性，以及新闻媒体应当在社会中发挥的独特作用。新闻专业主义的目标是为受众服务，其主要内容便是强调新闻工作者的道德自律。

中国新闻工作者的职业道德现状不容乐观。让我们看一个相关案例：2011 年 12 月 22 日，由《新闻记者》评选的 2011 年度十大假新闻揭晓，高居榜首的新闻题为“年终奖计税方式调整”。在这份所谓的 47 号文件中，“提供”了两种年终奖所得的计税方法，并新增一个适用于全年一次性奖金所得的税率表（含速算扣除数）。此新闻一出，网络搜索量猛增，一石激起千层浪。在国税总局发布澄清声明之前，央视、新华社、《广州日报》等主流媒体对此进行了大篇幅的报道，对社会造成了难以估量的影响。在被证实为假新闻后，网友们感到震惊，并对谁伪造了公文并轻易骗过了几乎所有主流媒体的判断力产生了疑问。遗憾的是，这些问题并没有答案。

这个案例从侧面反映出当前中国新闻工作者的职业道德现状不容乐观，假新闻、有偿新闻的数量急剧增长。《新闻记者》的前主编吕怡然就讲道，“评选‘年度十大假新闻’是《新闻记者》编辑部本着新闻职业精神、职业道德和新闻工作者的良知捍卫新闻真实性的‘义举’，其目的是为鞭挞虚假新闻尽一份力所能及的绵薄之力。当‘年度十大假新闻’首次推出时，《新闻记者》就配编者按表示，希望这次评选是第一次，也是最后一次。但是，没有想到，这个美好的愿望迟迟落空，评选却一发不可收，延续至今已有十个

年头。”

那么该如何加强新闻领域的职业道德建设呢？在职业道德建设的过程中，明确政治立场和坚持新闻专业主义是职业道德建设的两大主要内容，前者是确保媒介具有“喉舌”功能，能够宣传党的政策；后者是确保新闻工作者在坚持新闻的真实性、客观性，不搞虚假报道，不做有偿新闻的同时，还要加强自身的文化修养和专业技能，不断为我国的新闻事业添砖加瓦。

三、工程领域的职业道德建设

工程领域的职业道德主要包含工程质量控制。工程领域的专业技术人才在生产、施工实践过程中应当遵循的基本行为规范，即保证工程质量。在现代社会的快速发展中，这个领域的专业技术人才对社会的发展做出了重要贡献。工厂、住宅、学校、商店、体育场馆、文化娱乐等设施的建设，都离不开工程领域的建筑设计与施工。工程领域的职业道德建设对现代化建设至关重要，也是满足人民群众日益增长的物质文化需求的关键。

2011 年 12 月 9 日，武汉市汉口区面积最大的经济适用房项目“紫润明园”被爆出存在多处地基下陷、墙面开裂、楼房漏水等问题，被称之为“楼脆脆”。之所以被市民如此调侃，是因为这样一个“问题项目”不仅顺利通过质检、消防、特种设备检测、环保、规划等多个部门的层层验收，还获得了武汉市建筑工程黄鹤奖银奖、武汉市结构优质工程等奖项；更是头顶“保障房项目建设样板工地”的光环，供其他建设单位观摩学习。面对这样的现实状况，一位业内专家分析道：“工程质量的保证，仅靠开发商的自觉是远远不够的。在建设单位精打细算的逐利心态面前，政府部门一旦监管不到位，出现质量问题便在所难免。”

这样的案例在中国并不是个案。从目前的发展状况来看，“豆腐渣”工程、“楼歪歪”现象仍然是层出不穷，这意味着工程领域的职业道德建设急需加强。在这个领域，针对专业技术人才的职业道德建设最重要的无疑是要求专业技术人才确保工程质量，即严格按照精心设计的图纸和设计要求科学组织施工，施工中在原材料使用和设备安装上，不以次充好，不偷工减料；同时，还要做到文明施工、安全施工，刻苦钻研生产和施工技术，不断提高业务能力。

四、农业领域的职业道德建设

农业作为第一产业，在社会分工出现以后，一直是最基本的劳动职业，也是一种最广泛的生产劳动。农业劳动者的职业道德来源于长期的生产活动，有着十分悠久的历史和丰富的道德遗产。这些独特的道德观念集中地体现了整个中华民族的传统道德精神。随着社会的不断发展，现代化的浪潮使得农业领域出现进一步的社会分工，除了传统农业外，农产品加工等产业领域也应运而生。这就使得农业领域的职业道德并不仅仅包含传统意义上的农民，也包括了从事相关附属产业的工作人员。在这样的范畴下，农业领域的职业道德就不仅仅包括传统层面的职业道德内涵，而是涉及备受瞩目的食品安全领域。从战略层面来看，食品安全不仅关系到个人的人生安全，还关系到一个民族的存亡，因此从事于农业领域的专业技术人才无疑是肩负了巨大的社会责任。

2012年5月，纪录片《舌尖上的中国》红遍中国。该纪录片记录了中国悠久而灿烂的饮食文化，也引发了人们对食品安全问题的担忧。在第一章中，我们已经列举了用工业明胶制造药用胶囊的案例。但是，在当代中国，这样的案例并不是个案，而只是众多案例的一个代表，地沟油、毒豆芽、潲水油、染色馒头等食品安全问题层出不穷。中国人讲究“民以食为天”，这个最关心“吃”的民族，却对食物失去了信心。这就意味着在新时期，农业领域的职业道德建设不仅任重道远，更是对在农业领域工作的专业技术人才提出了更高的职业道德要求。

确保食品安全，从前期栽培到后期产品加工、运输、销售，每个环节都需要这个领域的专业技术人才利用其行业经验来确保做到万无一失。在传统农业生产领域，不过量使用化肥并确保农作物的化学残留物处在国家法律规定的范围内。在食品生产加工领域，注

重食品生产的各个环节操作的规范性，以确保加工的食品成为合格产品。在农业栽培领域，确保生产出合格的种子，不对种子的成分掺假。总的来说，农业领域的专业技术人才不仅需要继承传统道德中优秀的道德规范和品质，还要适应新时期因社会发展而提出的新要求。要让普通百姓重拾对食品的信心，农业领域的专业技术人才仍然还有很长的路要走。

五、医疗卫生领域的职业道德建设

医疗卫生领域的职业道德是随着医学的出现而产生的。关于医德的最早论述可以追溯到中国最早的医书《黄帝内经》，该书的《疏五过》《征四失》等篇目就是用来专门论述医德的。唐代名医孙思邈在他的巨著《千金要方》中亦有一章专门论医德，系统地提出了医生的道德准则。他在书中指出医者不避艰险、尽心竭力治病救人，不怕脏臭，不分贵贱贫富、长幼妍蚩一视同仁；不以一技之长，掠取民众财物。这些要求，长期以来被奉为医务人员的道德箴言。现代社会的发展使得医德同其他社会职业道德一样，在实践中得到充实、发展，形成稳定的职业心理和习惯，世代相传。

市场经济的改革浪潮为我国的医疗卫生事业带来了翻天覆地的变化，但是，这股浪潮却也使得诸多医疗卫生领域的专业技术人才被经济利益至上的观念所腐蚀。2010 年 10 月 26 日的《北京日报》报道，从 2006—2009 年，北京市检察机关共立案侦查医药卫生领域贪污、贿赂案件 82 人。其中，贪污案件 16 人；贿赂案件 66 人，约占全部案件的 80.5%。在贿赂案件中，医院在采购药品、医疗设备及医用耗材的过程中，收受贿赂的人数高达 62 人，约占贿赂案件涉案人数的 94%。这仅仅是一座城市的数据，很难想象把全国的数据集结起来后的数据。这已经说明，医疗卫生领域的职业道德建设相对滞后并存在诸多方面的问题。

对这个领域的专业技术人才来说，“救死扶伤”是需要首先明确的神圣职责，即要处处关心患者的疾苦，增进人民的健康。不仅如此，医疗卫生领域的专业技术人才还要认真钻研医疗技术，勇于攻克疑难病症，积极进行革新创造，不断开拓医学新领域。同时，要对工作极端负责，对患者极端热情，还要对患者的病情“保密”；举止文雅，端庄可亲；不利用工作之便，侵害患者权利；养成严谨细致的医疗作风；平等待人；不收礼，不“走后门”。

六、教育领域的职业道德建设

教育领域的职业道德建设主要是指教师的职业道德建设。这是因为教师是这个领域专业技术人才的主要构成。我国一直是一个重视教育的国家。在几千年的教育实践中，古人们已经揭示出热爱教育、终生授徒、有教无类、文行忠信、以身作则、学而不厌、诲人不倦等教育箴言。韩愈在《师说》中写道“师者，传道授业解惑也”，揭示了“教书育人”是教师最主要的职责。教师的一言一行都将对其教育对象——学生产生极其深远的影响。教师的职业道德产生于实际的教学活动中，但是，教师课下的一言一行同样会对学生产生表率作用。教师职业道德的不断发展不仅与人们不断开展的教育活动存在密不可分的关系，还对形成教师的职业心理、职业理想和职业行为起到十分重要的作用。

我们身边从来都不缺乏执着于教育事业的专业技术人才。2011 年7 月 15 日，四川省人力资源和社会保障厅、四川省教育厅发文追授伍刚、何志强两位同志为四川省优秀教师称号。两位老师生前均系成都高新区中和职业中学教师。2011 年 4 月 23 日，伍刚老师像往常一样担任学校周末值班任务，而何志强老师则带领藏区“9+3”学生参加成都市职业学校学生技能大赛。当日下午，伍刚老师对所有藏区“9+3”学生整队点名，发现有两名学生没有按时回校。伍刚老师立即与班主任取得联系，并到处寻找学生。下午 6 点过，其中一名学生安全返校，但另外一名学生仍未返校。晚上，伍刚老师在安排学生就寝后，仍然没有等到该学生返校。着急的他不顾天色已晚，与请缨前来的何志强老师一同到中和镇寻找这位尚未归校的学生。谁知这一去竟成永别，在返校途中不幸遭遇车祸，伍刚和何志强两位老师当场殉职。支撑两位老师不顾一切地寻找尚未

归校的学生无疑是一种责任，更是一种对学生的热爱。而这些都是作为教师职业道德最基本的要求。

作为教育领域的专业技术人才，热爱学生、无私传授知识、循循善诱、诲人不倦无疑是其职业道德建设中最为基础的部分。而为人师表、言传身教同样是教育领域的专业技术人才需要遵循的职业道德基础。除此之外，在与学生的交流中，要做到对学生一视同仁，关心学生思想进步，尽职尽责。

七、经济领域的职业道德建设

经济领域是一个非常广泛的领域，包含商业、对外经贸、金融、会计、审计等领域。这个领域的专业技术人才掌握着国家的经济命脉，其职业道德建设无疑将对国家的经济发展产生重要的影响。由于经济领域的广泛性以及不同领域存在服务对象的差异性，我们将经济领域的职业道德建设划分为商业领域的职业道德建设、对外经济贸易领域的职业道德建设，以及财会领域的职业道德建设。

（一）商业领域的职业道德建设

在我国，商业经历了漫长的发展，商业领域的职业道德是随着商业行为的出现而逐步形成的。随着商业的不断发展和不断繁荣，商业领域的职业道德规范也逐渐变得丰富。“质量第一”“货真价实”“童叟无欺”无疑是这个领域最基本的职业道德要求。但是，我国当前商业领域的职业道德建设却严重滞后，商业诚信问题十分突出，掺假作伪、撕毁合同、利用虚假广告进行诈骗都是典型的表现。2003 年公布的一项研究结果显示，我国当前市场交易中因信用问题而造成的无效成本已经占到中国 GDP 的 10%至 20%，直接和间接经济损失每年高达 5 855 亿元，相当于中国年财政收入的 37%，GDP 的增长速度每年因此至少降低两个百分点。

2012 年春节刚过，海南省三亚市便爆出天价账单。《羊城晚报》报道，这张在微博上晒出的天价账单是在 2012 年 1 月 27 日中午出现的，8 位消费者一共消费了 9 746 元，上面还写着“打 7 折”

几个字。可笑的是，当按照其每样菜最后的价格相加后，最后的消费总额应当是 9 246 元，无端多算出 500 元。而写得最清晰的一项是“墨鱼”，其价格竟高达 298 元一斤。2012 年 2 月 1 日，海南省副省长、三亚市委书记姜斯宪不得不对这样的宰客行为公开道歉，并表示对宰客行为绝不姑息。无论是市场调查所呈现的数据，还是发生在我们身边的天价账单等社会性事件，都凸显出我国商业领域的职业道德建设仍然相对滞后，加强本领域的职业道德建设刻不容缓。

商业活动的顺利进行依靠的是诚信，是买卖双方对彼此的认同。严守商业信用，诚信无欺，公平交易，实事求是地介绍商品无疑是进行商业领域的职业道德建设的重要基础。优质服务，文明经商，对顾客一视同仁，出售商品货真价实，不以次充好，不缺斤短两也是商业工作者进行商业活动的基本原则。加强商业领域的职业道德建设就是要加强诚信建设。

（二）对外经济贸易领域的职业道德建设

外贸工作既有经济，又有外事；既是经济工作，又是政治性很强的工作；既面向国内生产企业，又面向国际市场；既受到社会上错误思想和非法活动的冲击，又面对复杂的国际经济、政治斗争。外贸工作的好坏，在很大程度上取决于这个领域的职业道德建设。这不仅关系到我国对外经济贸易事业的发展，更关系到我国的对外声誉和国际影响。作为外贸领域的专业技术人才，在外贸实践中，其一切言行及办事能力，往往代表着中国。

对外贸易领域的职业道德最需要的还是诚信，国家之间的经贸往来，拥有诚信无疑会使贸易行为更加顺畅。但与一般商业领域不同的是，既然已经对外，就存在诸多国际惯例，遵守这些国际惯例无疑也是最基本的职业道德要求。在交往的过程中，应做到友好互惠、严肃郑重、不卑不亢、落落大方、举止端庄、礼貌待人。但是，这种遵守国际惯例和友善的交往存在前提，即不能损害国家利益、民族尊严以及商业信誉。

（三）财会领域的职业道德建设

任何一个组织都离不开会计、审计等财会人员，他们是维持组织运转的基本成员。在财会领域，相关工作存在政治性、原则性、科学性、灵活性、服务性、规范性、约束性等特征。这些特征促使通过职业道德的他律机制对财会人员的工作行为加以约束。其作用便在于对财经工作的主体指导和教育意义，促进社会道德水平的提高，以及调节复杂的社会关系。

2001年11月，美国“安然”公司向美国证券交易委员会承认，自1997年以来，共虚报利润5.86亿美元；当月29日，“安然”股价一天之内猛跌超过75%，创下纽约股票交易所和纳斯达克市场有史以来的单日下跌幅度之最；次日，“安然”股票暴跌至每股0.26美元，其股价缩水近360倍！两天后，即12月2日，“安然”向纽约破产法院申请破产保护，其申请文件中开列的资产总额达到468亿美元。“安然”又创造了两个之最——美国（或许是世界）有史以来最大宗的破产申请记录和最快的破产速度。

上述案例已经深刻地揭示了财会人员缺乏职业道德是美国“安然”公司出现一夜倒闭现象的主要原因。这对我国财会领域的专业技术人才来说具有重要的警惕价值。在这个领域，最需要的就是做到诚实、客观、公正，即对经济数据的统计、核实要正直、诚实，不对经济数据掺假；与此同时，还要能够坚守国家秘密和组织秘密，不将国家或组织内部的重要信息出卖给境外敌对势力或同行业的竞争对手。

八、管理领域的职业道德建设

自人类社会有了原始部落氏族首领以来，各种社会形态都需要一定数量的管理人员来维持社会或组织的正常运转，并起到监督作用。这种管理与被管理的关系一直伴随着人类的发展而存在。孔子曾说：“其身正，不令而行；其身不正，虽令不从。”管理领域的职业道德建设就是指管理者的职业道德，也是加强整个社会道德和职业道德的关键所在。管理者的分布较为广泛，政府机关、企事业单位都存在一定数量的管理者。恰到好处的管理不仅会提升社会或组织的运作效率，更能提升其和谐程度和竞争力。这对社会和组织都意义重大。与此同时，它同其他各行各业的职业道德一样，还面向社会，为社会服务。这就意味着管理领域的职业道德建设对当前构建社会主义和谐社会意义重大。

管理领域的职业道德建设的关键在于促使管理者合理的管理，能够树立为社会或组织服务和谋利的理念，并正确运用手中的管理权限；与此同时，要有明确的管理原则、良好的思想作风和工作作风，坚持原则，实事求是，公道正派。

第三节　专业技术人才职业道德建设的途径和方法

专业技术人才的职业道德建设离不开社会的大环境，其职业行为不仅会对社会产生影响，还会受到来自社会的影响，并对其未来的职业行为产生影响。与此同时，专业技术人才还具备较强的创新能力。这种环境因素与创新能力的双重作用就使得专业技术人才的职业道德建设的最终目的是促使这种创新能力能够得到最大限度的发挥，并能够加快社会发展。要达到这样的目的，多管齐下是专业技术人才职业道德建设的主要途径和方法，即社会、组织和个人要有效配合、合力出击。

一、专业技术人才需加强职业道德的自学、自修、自律和自省

专业技术人才的职业道德修养的提升仅仅靠外界的辅助和他律机制的控制是难以完成的，其更多的还是要依靠个人自身。在第三章中，我们强调了自律在职业道德建设中的重要价值，专业技术人才仅仅做到自律是不够的，会缺乏前进的动力。缺少学习、反省的环节会导致其职业道德修养的水准停滞不前，甚至倒退。因此，专业技术人才需要做到自学、自修、自律和自省以提升自身的职业道德修养。

自学，即自我学习。作为专业技术人才，需要通过自我学习不断充实自身，以提升自身的职业道德修养。其充实的内容包括理论知识以及将相关知识付诸实践后在精神层面的巨大升华。自我学习的本质不仅是一个不断充实的过程，更是一种对事物的领悟过程。领悟的是背后的现实意义和人生哲理。自我学习，与提升职业道德修养的本质相一致的是，两者都需要经历一个漫长的过程，其关键是坚持。具备“学无止境”的精神无疑将是专业技术人才加强职业道德修养的重要条件。

自修，即自我修养。我国著名诗人陆游写下了“纸上得来终觉浅，绝知此事要躬行”的经典名句。这样的古训已经告诉人们，通过自学得来的知识，如果不加以实践，则仍会停留在书本上，个人自身的修养也就不会得到提升。作为专业技术人才，加强自我修养，不仅是对自学的进一步升华，更是需要明白什么时候该有怎样的职业行为并将之付诸实践。这也是说对自身领悟得来的结果，需要通过工作实践和日常生活的点点滴滴来逐步积累。

自律，即自我约束。作为一种意识，需要自学和自修的支撑，其有效性取决于已有的道德修养水准和知识构成。自律的价值和作用在于规避道德失范行为的出现，这种自觉性决定了专业技术人才是否具有较好的自律意识。在工作中，无疑会遇到职业道德难题，很难抉择这件事情到底能不能做、该不该做。此时此刻的自我约束意识无疑是至关重要的，规避职业道德失范行为并在法律允许的范围内解决相关难题是应当遵循的重要原则。换言之，能够有效把握自律原则的专业技术人才无疑具有较好的职业道德修养，自律也是发挥其创新能力的重要基础。

自省，即自我反省。古人有“吾日三省吾身”的修养方法，即一个人每天检查三次自己的行为，特别是当出现不恰当的行为时，就需要对这种错误加以反省和改正。缺乏自省，就意味着缺乏对错误结果的审视并容易导致思想上的麻痹而在行为上一错再错。在实际的职业行为中，包括专业技术人才在内的每一位从业人员都可能出现职业道德失范行为。前面提到的自律更多的只能够提供一种思想上的预防，并不能够解决所有的职业道德问题。这时，时常自省无疑能够弥补这样的缺点，能够牢记曾经犯过的错误，并通过细致分析规避相同的错误再次发生。

二、努力营造适合专业技术人才发展的职业道德环境

除了上述提到的个人因素外，职业道德环境的打造还需要政府、企业以及媒体等组织来共同建构。四川省，作为西部重要的人才聚集地，只有适合专业技术人才发展的职业道德环境，才能吸引更多的专业技术人才就职，才能为其更好、更快地发展奠定坚实的基础。

政府，作为国家政策和法律法规的制定者，是打造专业技术人才发展的职业道德宏观环境的主要角色。完善与职业道德相关的法律法规和政策措施，无疑是打造适合专业技术人才发展的职业道德环境的第一步。但仅仅制定相关政策是不够的，强有力的政策执行力度、对专业技术人才基本权益的维护，以及建立职业道德激励机制和约束机制，无疑都是打造适合专业技术人才发展的职业道德环境的重要手段。最为关键的是，政府要具有宣传意识，要把这种适合专业技术人才发展的职业道德环境传播出去。通过多种层次的传播，去吸引更多的具有良好职业道德修养的专业技术人才。

企业，作为专业技术人才主要的承载体，其重点在于打造适合专业技术人才发展的企业环境。要打造这样的职业道德环境，建构企业文化是重要的组成部分。企业文化不仅展示了企业自身的精神面貌，也透露出其未来可能的发展态势，更是展示企业道德的平台。除了企业文化建设，企业领导对专业技术人才职业道德的重视也是打造适合专业技术人才发展的职业道德环境的重点。这种重视包括建立企业内部的激励机制和约束机制，通过完善企业内部的规章制度来避免专业技术人才出现职业道德失范行为。

媒体，作为专业技术人才职业道德环境的主要宣传者，在整个过程中扮演着催化剂的角色，以求达到锦上添花的信息传播效果。与政府政策和宣传策略高度一致是媒体需要完成的首要任务。政府

与媒体的密切配合不仅能够突出政府的政策，特别是其中关于专业技术人才的优惠政策，也有利于彰显出职业道德环境本身的优势。不仅如此，在具体的新闻报道上要做到有的放矢，要以合理的方式突出专业技术人才模范事迹的宣传，并通过对模范的宣传来提升地区知名度。这也是吸引更多专业技术人才的途径之一。

三、完善专业技术人才的职业道德教育和培训机制

职业道德教育与培训是提升专业技术人才职业道德修养的重要途径。进行职业道德教育与培训，其根本目的就在于能够促专业技术人才重视自身的职业道德修养，找出自身的不足之处，并以此推动专业技术人才的职业道德建设。要达到这样的目的，完善职业道德教育与培训的机制是关键。

机制的完善与职业道德教育和培训的理念、内容和形式等相关。由于是针对专业技术人才，理念上需要具有一定的前瞻性，需要与企业、社会的发展理念高度契合；内容上不能拘泥于简单的理论知识讲解，而是需要与实际工作内容相关联，要让专业技术人才觉得教育与培训的内容具有实践意义；形式上不能单一化，理论授课与行为实践需要高度结合，需要具备较强的可操作性、生动性和一定程度的趣味性。

机制的完善除了上述三个方面外，培养专业技术人才良好的职业道德观念与意识同样是一个有效的途径。引导专业技术人才树立正确的人生观、世界观和价值观，将对专业技术人才的职业道德修养产生重要的影响。专业技术人才职业道德意识灌输是一个较长时间的基础教育过程，要通过有效地灌输，专业技术人才领会职业道德准则以及职业道德规范的基本精神，从而提高其职业道德判断能力和自我综合能力。同时，引导专业技术人才树立全心全意为人民服务的思想，这种思想的现实意义就在于专业技术人才需要明白不断刻苦地学习科学文化知识，不断提高思想、业务水平和解决问题的能力，主动、诚实、创造性地发挥自己的专业职业技能。最后，要引导专业技术人才养成良好的职业习惯和行为方式，即让专业技

术人才形成与本职工作相适应的职业道德观念，具备较高的道德素质，做一个好的劳动者。

总之，要想使专业技术人才职业道德建设的途径和方法行之有效，过去行之有效的好传统、好办法要坚持；同时要适应新情况，并根据这些新情况深入研究新世纪新阶段职业道德建设的新特点、新方法。要努力改进创新，增强时代感，加强针对性、实效性，做到有的放矢，使专业技术人才的职业道德建设的途径和方法更加贴近工作实际，为广大专业技术人才所欢迎和接受，从而通过职业道德教育与培训，专业技术人才更加充分地发挥其独特的创新能力。

【思考与探索】

1. 为什么说专业技术人才是社会发展的中坚力量？

2. 有人认为，专业技术人才的职业道德对社会的发展至关重要。你如何看待这个观点？

3. 简要叙述专业技术人才职业道德建设的基本原则。

4. 结合个人职业实际，选择你所从事的领域谈谈这个领域职业道德建设的核心问题。

5. 简要叙述专业技术人才职业道德建设的主要途径和方法。

下篇

创新能力建设篇

CHUANGXINNENGLI JIANSHE PIAN

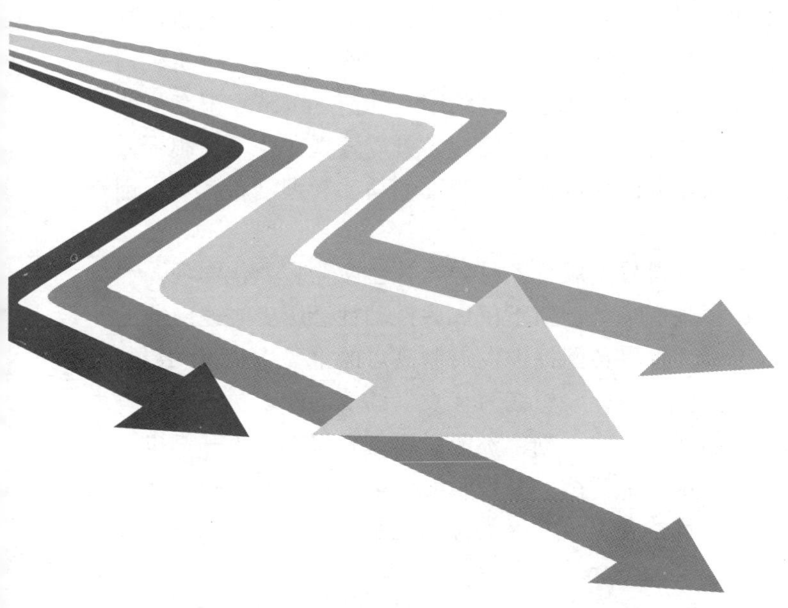

第五章　创新与创新能力建设

【本章要点】创新在国内外一直都备受关注，我国也已经把“自主创新”提升为国家战略。创新具有丰富的内涵和外延，创新思维是创新的源泉，创新精神是创新的强大支撑，创新能力是创新的关键驱动力。因此，创新能力建设就成为四川省人才开发战略的重要内容。创新驱动战略是目前四川省推动发展的三大战略之一。

创新是一种人类特有的认识能力和实践能力，是人的主观能动性的高级表现形式，是推动民族进步和社会发展的不竭动力，是改造自然和改造自身的永续源泉。现代意义上的“创新”，可以分为狭义和广义两个层次。狭义的创新通常是从一个新思想的产生到产品设计、试制、生产、营销等一系列活动。应该说，狭义的创新概念就是把技术和经济结合起来的一种过程或活动。广义的创新，则表现为不同参与者与机构之间（包括企业、政府、大学、科研机构等）相互作用形成的网络。在这个网络中，任何一个结点都有可能是实现创新行为的特定空间。创新的行为可以表现在技术、制度或管理等不同的层面，因此，也就有了制度创新、管理创新、知识创新、理论创新等概念。

放眼当今世界，科技发展日新月异，社会文化多元化涌现，经济社会发展格局深刻变革，创新不仅成为推动社会历史飞速向前的主要驱动力，更成为世界各国抢占发展制高点的重要途径。无数实践充分证明，任何一个民族要想在时代发展的浪潮中永葆活力，就一刻也不能没有创新意识，一刻也不能没有创新思维，更一刻也不能不在全球激烈的竞争中持续提高创新能力。创新使科学技术作为第一生产力的作用日益突出，使人类文明进步的脚步日益加快，使

人们的工作和生活更富有效率。

在当今的中华大地，在我们美丽富饶的“天府之国”四川，创新比任何时候都受到重视，围绕创新能力建设的各项工作在经济、社会、技术和文化等领域中都正有条不紊地开展着，并对这些领域产生了巨大的推动作用。胡锦涛同志在《坚持走中国特色自主创新道路为建设创新型国家而努力奋斗》的讲话中，宣布了我国将在2020年建成创新型国家，使科技发展成为经济发展有力支撑的宏伟目标。四川省作为西部大省，在新一轮西部大开发的政策指引下，正在努力践行通过科技创新培育新的经济增长点，提升区域自主创新能力和竞争力，进一步明确了创新在推动全省经济社会发展中的重要地位。我省第十次党代会报告明确指出“改革开放和科技创新是强国兴省的必由之路”。

第一节　“创新”思想的发展

什么是创新？这个问题似乎一直使我们感到困惑，不同学者，甚至每个人都有着自身的见解。要回答这个问题，我们需要对这个词语的由来进行一番考究。“创新”一词最早源于拉丁语，最初就包含了更新、创造新的东西和改变三个层次的含义。在《现代汉语词典》中，创新主要包括两个层面：一是指抛开旧的，创造新的；二是指创造性、新意。可以看出，这两个层面的解释都承继了创新最初的意思。

那么，创新就仅仅是一个从无到有的过程吗？要回答这个问题，我们需要对创新（innovation）、创造（creation）和发明（invention）这三个概念进行辨析。对这三个概念进行区分的是著名的创新理论研究者约瑟夫·熊彼特，他于1912年在他的著作《经济发展理论》中明确提及了这三者的本质区别，即对创新来说，区别于另外两个概念的关键点就在于“创新”具有经济学意义上的特殊用法，即一种发明或创造，只有当它被应用于经济活动时，才能称之为“创新”。这可以被看作是熊彼特对创新的定义，不过他还进一步论述到，创新就是建立一种新的生产函数，是把一种从来没有过的关于“生产要素的新组合”引入生产体系。这个定义无疑是具有侧重点的，即新技术、新发明在生产中的首次应用，或科学研究成果的第一次商业化。这也说明，创新不仅仅是一个从无到有的过程，更是一个利用这个新技术、新发明来创造经济价值的过程。

在熊彼特的理论出现后，对创新及其理论的研究逐渐兴起，但之后出现的许多有关创新的定义大多在某种程度上吸收了他的见解并赋予了更为丰富的内涵和外延。譬如，桑德布认为，对一个生产企业来说，生产一种新产品，或采用一种新的生产过程、一种新组织形式或管理形式、一种新的市场行为均可以称之为创新。2000年联合国经济合作与发展组织（OECD）在《学习型经济中的城市与区域发展》报告中提出：“创新的含义比发明创造更为深刻，它必须考虑在经济上的运用，实现其潜在的经济价值。只有当发明创造引入到经济领域，它才成为创新。”美国国家竞争力委员会于2004年向政府提交的《创新美国》计划中指出，“创新是把感悟和技术转化为能够创造新的市值、驱动经济增长和提高生活标准的新的产品、新的过程与方法和新的服务。”

我国学者自20世纪80年代以来，对创新的认识逐步加深。清华大学傅家骥从技术经济学角度出发，把创新定义为，企业家抓住市场的潜在赢利机会，以获取商业利益为目标，重新组织生产条件和要素，建立起效能更强、效率更高和费用更低的生产经营方法，从而推出新的产品、新的生产（工艺）方法、开辟新的市场，获得新的原材料或半成品供给来源或建立企业新的组织，它包括科技、组织、商业和金融等一系列活动的综合过程。这个定义也是目前学界比较认可的创新定义。

创新的诸多定义使我们认识到，创新是一种人类特有的认识能力和实践能力，是人的主观能动性的高级表现形式，是推动民族进步和社会发展的不竭动力，是改造自然和改造自身的永续源泉。从古至今，人们很早就开始对自己具有的这种改造和变革能力产生浓厚的兴趣。早在公元前300年，古希腊的数学家们就已经提出了

"创造学"，这便是创新思想的雏形。自此之后，人们对创新的追求从未间断。到了现代，技术创新、国家自主创新体系等概念被明确提出，这不仅反映了人们探寻创新真谛的艰辛历程，更是彰显出古今中外都存在十分丰富的创新思想。有鉴于此，我们的讨论将从剖析这些在历史发展过程中不断逐步形成的创新思想开始。

一、早期创新思想

有这样一种说法，中国是一个缺乏创新的国度。儒家始祖孔子述而不作，信而好古，就是证明。但是，如果我们冷静地回顾历史，不难发现，中国是世界历史上最勇于创新的国度。如果不是这样，那又该如何解释中国古代诸如四大发明之类的创新呢？同样，我国古代的创新思想也十分丰富。比如，《诗经·大雅·文王》说："周虽旧邦，其命维新。"其意思是说，周虽然是旧的邦国，但其使命在革新，这强调了创新对国家发展的重要性。《大学》引《盘铭》："苟日新，日日新，又日新，作新民。"这句话则透露出创新是一个不断持续的过程的道理。

创新是"智"的体现，是人类利用智慧的主要体现。应该说，中华民族自古以来就注重"智"的德行。孟子把"智"视为"四德"之一，《中庸》亦把"智"列为"三达德"之首，以后"智"又被列入"五常"，成为最重要的德目之一。"智"在古代又与"知"相通，兼有智慧和认识两重含义。可以说，快速、灵活、正确地理解和解决面临的问题并改进事物或创造新事物是古人对创新的一种理解。

古代创新思想的另一大重要体现就是探索创新，其内涵包括勤奋好学、求索攻坚、开拓创新。学习是掌握知识的重要手段，"勤奋好学"则是一种表现于学习上的可贵的德行，其贵就贵在对知识的"好"字上，即热爱的感情上。唯其"好"，才能孜孜不倦，勤奋好学。其贵也贵在勤奋的行动上，没有勤奋的行动，"好"就成为挂在嘴边的一句空话。所以勤奋好学乃是一种热爱知识、刻苦钻研的品德。求索攻坚在境界上高于勤奋好学。求索攻坚必须建立在勤奋好学的基础上，但又不是停留在对已有知识的掌握上，而是进入到对新知识的追求。先秦诗人屈原作《天问》，对自然现象和历史事件提出了成百上千的质疑。“路漫漫其修远兮，吾将上下而求索”，屈原在《离骚》中的这两句诗既表现出了不满现状、不囿陈说、勇于探索的精神，又表现出了一种不畏艰难、坚忍不拔的品德。开拓创新是勤奋好学、求索攻坚的结果。开拓创新不仅要有坚忍不拔的精神，而且要有创新的意识和“敢为天下先”的大无畏精神。无论是《周易·系辞上》说“日新之谓盛德”，还是王夫之在《思间录·外篇》说“天地之化日新”，其意思都是说客观世界就是一个日新不已的过程。因此，人们做学问、办事业也必须“别故而致其新”，锐意进取，大胆创新。

到了近代，有识之士无不以创新相号召。梁启超鼓吹新民思想，写了《新民说》。他提出“欲新一国之民，不可不先新一国之小说”。他呼吁新道德、新风俗、新学艺、新人心、新人格。陈独秀办《新青年》，毛泽东办新民学社，无不在追求一个“新”字。此外，从古到今的王充、唐甄、李贽、黄宗羲、龚自珍、洪秀全等先贤无不钟情于“新”。可见，开拓的精神、创新的意识一直为历代进步人士所推崇、所践履。晚清的洋务运动、维新变法等无不是通过创新谋求发展之路。更有孙中山、黄兴、陈天华、秋瑾等近代无数仁人志士抛头颅、洒热血为中国谋求新生。

在创新思想的引导下，中国的创新实践层出不穷，为世界文明做出了巨大贡献。四大发明不仅妇孺皆知、远播海外，更是引发了社会发展的进程。英国哲学家培根曾在《新工具》一书中提到：“印刷术、火药、指南针这三种发明已经在世界范围内把事物的全部面貌和情况都改变了。”马克思也在《机械、自然力和科学的运用》中写道：“火药、指南针、印刷术——这是预告资产阶级社会到来的三大发明。火药把骑士阶层炸得粉碎，指南针打开了世界市场并建立了殖民地，而印刷术则变成了新教的工具，总的来说变成了科学复兴的手段，变成对精神发展创造必要前提的最强大的杠杆。”除此之外，我国古代还有许多发明，如中医、十进位制、瓷

器、丝绸、金属冶铸、茶、算盘等，也对人类进步具有极其重要的作用。

二、近现代创新思想

现代经济学家认为，生产力不只包括劳动力、劳动资料、劳动工具三个要素，还包括科学技术、管理和创新。创新已成为生产力的重要组成部分。其实，创新不仅是生产力的重要组成部分，更是社会发展和人类进步的原动力。

熊彼特是第一个认识到创新对经济增长的重要作用并提出创新概念的学者，他分析了技术创新如何作用并影响着经济的发展。除了首次提出创新的定义外，他还强调经济增长过程是一种创造性破坏的过程，将新古典主流经济学静态分析的理论模式结合动态的方法分析经济系统不断变化的存在方式。自 20 世纪 50 年代以来，熊彼特的创新理论得到了极大的发展，其创新理论对西方经济学中的经济增长理论和经济发展理论都产生了十分重要的影响，即通过知识的积累和增加促进经济的增长。这样的经济增长方式实际上就是一种依靠技术和组织创新提高资源利用率从而推动经济增长的方式，同时也成为继“亚当·斯密方式”“福特方式”和“索洛方式”后的第四大经济增长方式。

英国苏塞克斯（SUSSEX）大学名誉教授克里斯托夫·弗里曼在充分吸收各学派对创新研究的基础上，于 1987 年首次提出了国家创新体系的概念。他认为一个国家要实现经济的追赶和跨越，就必须将技术创新与政府职能结合起来，形成国家创新系统，从长远的、动态的规划出发，充分发挥政府提供公共产品的职能，以推动产业和企业的技术不断创新。弗里曼的国家创新系统理论侧重分析了技术创新与国家经济发展之间的关系，强调国家对技术创新的独特影响。国家创新体系是政府、企业、大学研究机构、中介机构等为寻求一系列共同的社会经济目标而建立起来的，是将创新作为国家变革和发展的关键动力系统，其运转状况将对一个国家的创新活动产生关键性的影响，这也可以为我们解释为什么有些国家的创新活动一直持续开展，而有些国家则相反。

现代管理学之父彼得·德鲁克不仅继承了熊彼特的创新理论，还以其宏观的思维和开阔的视野，提出了“系统的创新即追踪创新机遇的七大来源”。其前四大来源存在于组织内部，后三种来源涉及组织外部变化。他指出，绝大多数成功的创新是利用变化达成的，变化提供了人们创造新颖的与众不同的事物的机会。因此，系统的创新存在于有目的、有组织地寻找变化，存在于对这些变化可提供的经济或社会创新的机遇进行系统的分析。

按照创新程度的差异，管理创新可以分为渐进式管理创新和突变式管理创新。渐进式管理创新一般从无数的小创新开始，当大量的小创新不断地改善着组织的经营管理，并达到一定程度时就会导致质变的大创新。这种创新具有渐进性、模仿性，创新的周期一般较短，而创新的效果却不错。日本企业多采用这种渐进式管理创新。我国一些大型企业也倾向于采用渐进式管理创新的模式，如四川省绵阳市的长虹集团，自 1985 年引进我国第一条彩电生产线之后，先后自行设计、制造了 16 条现代化彩电生产线，并实现科学管理，成为我国最大的电子生产基地。突变式管理创新通常首先在前次管理创新的基础上运行，经过一段时间，创新的条件成熟后或组织运行已无法再适应新情况，于是打破现状，实现管理创新的质的飞跃。这种突变性还表现在创新的周期相对较短，而创新的效果相对较好。创新的达成通常由专业管理人员、企业家来实现。如邯钢推行“模拟市场核算，实行成本否决”的管理模式，就是被当时亏损的困境所迫，属于突变型管理创新。欧美的管理创新多采用这种类型。诺贝尔经济学奖获得者美国经济学家西蒙说过：“管理的核心是经营，经营的核心是决策，决策的核心是创新。”可见，创新可以称得上是管理核心中的核心。

我国从 20 世纪 80 年代以来就开展了创新方面的研究，创新成为企业形成和保持核心竞争力的关键，越来越多的企业把焦点放在创新上。在创新主体、创新要素、创新方法和创新过程等方面都有了深入研究，产生了创新型组织、集成创新、合作创新等一批创新

理论。在这些理论中，颇有代表性的是浙江大学院士许庆瑞博采众长提出的“二次创新—组合创新—全面创新”的中国特色技术创新理论体系，这个理论体系已经成为当代我国诸多企业进行自主创新的主导路径。

创新思想在我国早期领导人的思想中也有所体现。虽然，毛泽东、邓小平并没有明确提出创新的概念，但是，他们伟大的革命实践和革命理论都蕴含了极其丰富的创新思想。例如，毛泽东思想中的马克思主义理论与中国革命实践相结合、建立革命根据地、农村包围城市路线、游击战战略战术等思想都是将马列主义与中国国情相结合而形成的新思想，这些创新思想为取得新民主主义革命的胜利奠定了坚实的基础。又如，邓小平理论中的实践是检验真理的唯一标准、改革开放、解放思想、实事求是、科学技术是第一生产力、一国两制等创新思想，换来了中国经济高速发展、人民生活水平极大提高的现实。这些创新思想都是史无前例的伟大创新，且我国领导人对创新的追求还远未停止。

江泽民同志第一次提出创新是在 1993 年政协会议上的讲话中。然而，最广为流传的则是他于 1995 年 5 月 26 日在全国科学技术大会上所说的一段话：“创新是一个民族进步的灵魂，是国家兴旺发达的不竭动力。如果自主创新能力上不去，一味靠技术引进，就永远难以摆脱技术落后的局面。一个没有创新能力的民族，难以屹立于世界先进民族之林。”应该说，江泽民同志将创新的内涵和外延做了扩充，远远超出了熊彼特对创新的定义。创新者生产出比自己以前更好的东西，能给创新者带来更多的物质或精神上的收益，就是创新。此时，创新的主体不再仅限于企业了，法人、自然人都可以成为创新的主体。从过去到现在，创新已经深刻地改变了我们的工作和生活。与此同时，创新也让我们看到了想准确地预测未来是一件几乎不可能的事情。

三、“自主创新”上升为我国国家战略

2005 年 10 月，胡锦涛同志在党的十六届五中全会上，明确提

出了建设创新型国家的重大战略思想。2006 年 1 月，他又在全国科学技术大会上指出，要坚持走中国特色自主创新道路，用十五年左右的时间把我国建设成为创新型国家。在全面建设小康社会步入关键阶段之际，根据特定的国情和需求，我国提出，要把科技进步和创新作为经济社会发展的首要推动力量，把提高自主创新能力作为调整经济结构、转变经济增长方式、提高国家竞争力的中心环节，把建设创新型国家作为面向未来的重大战略。自此以后，“自主创新”便成为我国的国家战略。党的十八届三中全会提出深化科技体制改革，要“建立健全鼓励原始创新、集成创新、引进消化吸收再创新的体制机制”，“建立产学研协同创新机制，建设国家创新体系”。在这样的战略指导下，四川省在经济社会发展中进行了重大创新实践，在许多方面不仅走到了西部省份的前面，甚至走在全国前列。比如，成都市被列为全国统筹城乡发展综合配套改革试验区，经过近五年的积极探索，初步形成了城乡经济社会一体化发展新格局，为破解我国长期存在的结构性矛盾，特别是城乡二元结构性矛盾，提供了大量可供其他地区借鉴的成功经验。又如，包含我省大部分区域的成渝经济区也在 2011 年正式获批，成为我国未来经济发展新的增长点。在这一背景下，“改革开放和科技创新是强国兴省的必由之路”的论点就再次得到了验证。

在 2012 年 6 月进行的“四川杰出创新人才”评选中，我们看到涵盖了技术创新、管理创新和理论创新等领域的杰出人才。比如，四川省食品发酵工业研究设计院高级工程师陈功，长期从事食品与发酵技术应用研究，不仅进行了理论上的创新——创立了“盐渍菜-泡菜”理论，而且他研发出来的新技术实现了传统泡菜的现代化生产，为泡菜企业新创造产值近 6.9 亿元，带动农民基地创造效益 15 亿元。

又如，四川省川剧院院长、一级演员陈智林，率川剧院创作演出了多部经典川剧，创新举办川剧校园公益戏剧活动，开创了以中外合作为基础的创新型商业演出模式，使传统川剧成功走出国门、面向世界，将四川省的特色文化的影响力发扬光大。

再如，四川省社会科学院副院长郭晓鸣研究员，作为理论创新领域的代表人物之一，率先对我国农地制度创新、合作组织发展、城镇化模式等重大问题进行开拓性研究，并就农地流转、新农村建设等热点问题提交了大量政策建议。其中，有九份获得党和国家领导人批示，三十多份获省委、省政府主要领导批示，并作为成都市政府农村产权改革专家组组长，全程参与了成都统筹城乡试验区建设相关政策设计和咨询工作。

上述案例深刻地说明了四川省已经将“自主创新”思想——我国的国家战略，渗透到各个领域，使社会多个领域实现了突破。创新不仅改变了过去，加快了社会发展的进程，还将继续引领创新型四川的建构。

第二节　创新思维、创新精神和创新能力

让我们先来看一个案例：

奥泰医疗系统有限公司董事长邹学明放弃美国通用电气医疗集团副总裁的职务，带领 20 余名海归专家组成的创业团队，来四川省投资创业，吸引风投资金 4.7 亿元。邹学明和他的团队用 4 年时间研发和制造了中国第一台具有自主知识产权的 1.5T 超导磁共振医学成像系统整机，打破了西方巨头跨国公司在这一领域长达 25 年的技术和市场垄断。他所带领的创业团队于 2011 年入选四川省首批海外高层次人才顶尖创新创业团队支持计划。

用 4 年的时间投入大量的人力、物力，抛开外界的干扰，冒着失败的风险，邹学明和他的团队最终获得了成功。我们不难想象这 4 年 1 460 个日日夜夜，在通往成功的道路上荆棘丛生，充满艰辛和坎坷。邹学明和他的团队实现创新的过程，就是典型的通过引入新的技术、知识、观念或创意创造出新产品，并将之应用于社会以实现其价值的过程。这个价值不仅仅包含经济价值，还包含社会价值、学术价值等。

但是，与上述案例形成鲜明对比的是“山寨”——这个很容易

让人联想近几年在国内非常流行的一个词。它最早开始于我国IT业，以模仿成名品牌的电子产品为手段，通过迅速占领低端市场获得利润。随后，一系列的“山寨”产品，如山寨饮料、山寨洋品牌、山寨明星等不断涌现，“山寨”渗透到了我国社会的各个领域，进而发展成“山寨文化”。有人曾戏谑地说：“在我们中国，一直在山寨，很少有创新。”“山寨”总被我们嗤之以鼻，但是“山寨”却一直很流行；“创新”总是那么光芒四射，但“创新”却从未来过。那么山寨与创新之间的红线到底在哪里？应该说，山寨与创新在某种程度上有些相似之处。创新并非无中生有，而是在模仿和吸收前人的基础上进行的改进与变革；山寨产品也模仿，但常常因其简单直接、毫无改进的粗陋模仿而遭人诟病。然而，山寨受到“追捧”的最直接原因则是其总能以最小的代价赚得较高的收益，于是，很多人走到山寨这一步就止步不前了。从山寨到创新，也许并不遥远。

我们不难看出，无论是邹学明回国创新成功的案例，还是“山寨”的负面效应带给我们的思考，都从本质上说明了创新不仅是有规律的实践活动，而且还是突破性的实践活动；它不是一般的重复劳动，更不是对原有内容的简单复制，而必须是突破性的发展、根本性的变革、综合性的创造，是继承中的升华。在具体的创新过程中，新的技术、知识、观念或创意的形成、产生或引入离不开创新思维；利用新的技术、知识、观念或创意设计生产或形成新事物，并通过新产品等新事物的社会化实现其价值就离不开创新能力。但是，创新绝不能仅凭一时的热情，更多的是需要一种知难而进的进取精神，这种精神正是推动人类文明进步的动力所在，它体现了创新的基本内涵——探索未知领域和获得创造性成果。

由此可见，要实现创新，创新精神、创新思维和创新能力三者缺一不可，三者不仅共同构筑了创新强大的内涵支撑，还存在密不可分的联系，即创新思维是创新的源泉，是创新精神形成的前提；创新精神是创新思维系统化的结果；创新思维和精神又是创新的基础，是创新能力提高的内在支撑。创新能力的提升是创新思维和创

新精神的外在显现，是创新的关键驱动力。

一、创新思维是创新的源泉

创新从最初比较狭隘的应用范围逐渐扩展到人类社会的各个领域，进而发展为一个比较宽泛的概念，是一种主体性构建活动。创新来源于实践，是人的本质力量的直接展现，在历史的实践中生长、扩展并深化，最终又服务于实践。

相对论之父爱因斯坦曾于1936年10月15日在美国纪念高等教育300周年的大会上讲过一段令人至今难忘的话。他说："没有个人独创性和个人志愿的统一规格的人所组成的社会将是一个没有发展可能的不幸社会。"管理大师彼得·德鲁克说过："对组织来讲，要么创新，要么死亡。"人类社会就是一部创新的历史，也是一部创造性思维实践、创造力发挥的历史。缺乏创新思维，社会也将停滞不前。

创新思维是一种思维的发展模式，解释了现代经济增长和社会进步的关键原因。创新思维是创新的重要前提，也是创新实践、创造力发挥的基础。"思路决定出路，格局决定结局。"应该说，创新思维甚至在某种程度上看来对创新起着关键性、决定性的作用。创新思维还是创新的重要源泉。

创新是人脑的机能，人人都有创新的天赋。创新思维是使技术创新取得突破性、革命性进展的先决条件，是一切科学研究的起点，且始终贯穿于技术创新的全过程，是创新的灵魂。没有创新思维，根本就谈不上创新，人的创新思维一旦形成，就会成为人们自觉创新的力量源泉。换句话说，"做正确的事比正确地做事更重要"。现任长江实业集团有限公司董事局主席兼总经理的李嘉诚先生，就非常睿智地指出："思路清晰远比卖力苦干重要，心态正确比现实表现重要，选对方向远比努力做事重要，做对的事情远比把事情做对重要。拥有远见比拥有资产重要，拥有能力比拥有知识重要，拥有健康比拥有金钱重要！——成长的痛苦远比后悔的痛苦好，胜利的喜悦远比失败的安慰好！"

二、创新精神是创新的强大支撑

创新精神是进行创新活动必须具备的心理特征，包括创新意识、创新兴趣、创新胆量、创新决心以及相关的思维活动等。

创新精神是一种勇于抛弃旧思想、旧事物，创立新思想、新事物的精神。不满足已经认识掌握的事实、建立的理论、总结的方法，不断追求新知；不满足现有的生活生产方式、方法、工具、材料、物品，根据实际需要或新的情况，不断进行改革和革新。创新需要激情，需要求变革新的精神和敢于探索的勇气。四川省虽地处内陆，但在一次次影响长远的历史关口，在一个个破旧立新的重要节点，四川人多次扮演着改革探路者、创新急先锋的角色。从新中国成立后建设的第一条铁路——成渝铁路，到改革开放初期第一个摘掉人民公社的牌子、发行国内第一只股票、成立第一家商业银行、兴办第一所民办学校……都体现了四川省的创新精神。

创新精神是科学精神的一个方面，与其他方面的科学精神不是矛盾的，而是统一的。例如，创新精神以敢于摒弃旧事物、旧思想，创立新事物、新思想为特征，同时创新精神又要以遵循客观规律为前提，只有当创新精神符合客观需要和客观规律时，才能顺利地转化为创新成果，成为促进自然和社会发展的动力。2008 年5 月12 日的地震给四川省带来了巨大的灾难，在抗震救灾和灾后重建的特殊战场，无论是发展起跳的“再生性跨越”，还是民生飞跃的“突破性进步”，无不是创新激情充分涌流、创造热情竞相迸发的结果。都江堰市巧借城乡统筹之力，抓住农村产权制度改革的契机，率先为农业用地确权颁证，吸引了大量社会资金参与农房重建。吸引社会资金联建、共建农村住房，无疑是四川人民大胆创新、巧解难题的一个生动缩影。

创新精神同时又是道德观、价值观和审美观的综合体现，与遵守传统的道德要求与价值选择并行不悖。创新精神提倡胆大、不怕犯错，但并不是鼓励犯错，而是为了强调错误的认识在科学探索的过程中是不可避免的；创新精神提倡大胆质疑，而质疑要有事实依

据和深入思考，并非盲目怀疑一切；创新精神提倡破旧出新，并非打破约定俗成的道德标准，而是要在道德约束下推陈出新。否则，再好的创新，都会给整个社会带来巨大的伤害。我们认为，这种道德的约束力最直接的体现就是职业道德的树立和坚守。比如，近一段时间频频出现的食品安全问题，抛开道德层面的批判，我们仅从技术创新的角度，也不得不感叹用“皮鞋做果冻”“用化学添加剂做现榨果汁”的确令人叹为观止。然而，当从职业道德层面对这一所谓的“创新精神”进行判断和评价的时候，整个社会为之震怒，这样的“创新精神”到底是不是我们要追求的？

三、创新能力是创新的关键驱动力

创新能力是民族进步的灵魂、经济竞争的核心，是创新的外在表现，更是创新的关键驱动力。当今社会的竞争，与其说是人才的竞争，不如说是人的创造力的竞争，创新能力的竞争。创新能力按照字面的理解就是进行创新活动所具备的各种能力的综合，一旦具备了这样一种能力，就可以创造性地提出新发现和新发明。具体来说，创新能力就是指运用知识和理论，在科学、艺术、技术等实践活动领域中不断提供具有经济价值、社会价值、生态价值的新思想、新理论、新方法和新发明的能力。

创新能力应包含形成或产生新的思想、观念或创意的能力，利用新的思想、观念或创意创造出新事物的能力，应用和实现新价值的能力等三重含义。由此可见，创新能力是一种综合能力，它把多重能力集中起来，并充分加以运用；创新能力也是一种独创的能力，它凭借想象力和创造性思维构造出前所未有的东西，打破以往的模式和框架；创新能力还是一种极富实践性的能力，它与发明、创造的根本区别就在于创新需要推广应用，实现创造发明成果的价值。那么，创新能力具体包含了哪些内容呢？

（一）学习能力

学习能力是获取和掌握知识、方法及经验的能力，包括阅读、写作、理解、表达、记忆、搜集资料、使用工具、对话和讨论等。

学习能力还包括态度和习惯，比如活到老、学到老的终身学习态度和信念等。个人具有学习能力，组织也具有学习能力，人们把学习型组织理解为“通过大量的个人学习特别是团队学习，形成的一种能够认识环境、适应环境，进而能够能动地作用于环境的有效组织。也可以说是通过培养弥漫于整个组织的学习气氛，充分发挥员工的创造性思维能力而建立起来的一种有机的、高度柔性的、扁平的、符合人性的、能持续发展的组织”。

在如今竞争的时代，一个人或一个组织的竞争力往往取决于个人或组织的学习能力。因此，无论对个人还是对组织而言，其竞争优势就是有能力比你的竞争对手学习得更多、更快。所以管理大师德鲁克说：“真正持久的优势就是怎样去学习，就是怎样使得自己的企业能够学习得比对手更快。”

（二）分析能力

分析能力是指把事物的整体分解为若干部分进行研究的技能和本领。事物是由不同要素、不同层次、不同规定性组成的统一整体。认识事物的有效方式之一就是把它的每个要素、层次、规定性在思维中暂时分割开来进行考察和研究，弄清楚每个局部的性质、局部之间的相互关系，以及局部与整体间的联系，从而做到由表及里、由浅入深、由易到难地认识事物和问题。

分析能力的高低一般同个人的知识、经验和禀赋，分析工具和方法的水平，共同讨论与合作研究的品质紧密相关。随着科学技术的发展，高性能计算机、各种科学仪器以及新的分析方法的出现和应用，这些新的技术都有效地提高了人们的分析能力。当然，分析能力也有其局限性和片面性，容易使人只见树木，不见森林，忽视从整体上把握事物。因此，通常把分析能力与综合能力结合起来运用，从而做到取长补短、相辅相成。

（三）综合能力

综合能力是指把研究对象的各个部分结合成一个有机整体进行考察和认识的技能和本领。综合是把事物的各个要素、层次和规定性用一定的线索联系起来，从中发现它们之间的本质关系和发展

规律。

具体来说，综合能力包括三个方面的内容：一是思维统摄与整合，就是把大量分散的概念、知识点以及观察和掌握的事实材料综合在一起，进行思考和加工整理，通过运用由感性到理性、由现象到本质、由偶然到必然、由特殊到一般的途径和方法，实现对事物的整体把握。二是积极吸收新知识，综合能力需要多方面的知识和方法，及时更新知识是必要的，特别是要学会跨学科交叉学习，把不同学科的知识、不同领域的研究经验融会贯通，从而更好地进行综合。三是与分析能力紧密配合，综合能力也有其局限性和片面性，即缺少深入、细致的分析。细节决定成败，在认识事物时也是如此，只有与分析能力相互配合，才能正确认识事物，实现有价值的创新。

（四）想象能力

想象能力是指以一定的知识和经验为基础，通过直觉、形象思维或组合思维，不受已有结论、观点、框架和理论的限制，提出新设想、新创见的能力。想象能力往往是发现问题和解决问题的突破口，在创新活动中扮演突击队和急先锋的角色。如果缺乏想象力便很难从事创新工作。

（五）批判能力

批判能力主要表现在两个方面：在学习、吸收已有知识和经验时，批判能力保证人们不盲从，而是批判性地、选择性地吸收和接受，去粗取精、去伪存真；在研究和创新方面，质疑和批判是创新的起点，没有质疑和批判就只能跟在权威和定论后面亦步亦趋，不可能做出突破性贡献。科学技术史表明，重大创新成果通常都是在对权威理论进行质疑和批判的基础上做出的。

（六）创造能力

创造能力是创新能力的核心，是指首次提出新的概念、方法、理论、工具、解决方案、实施方案的能力，是创新型人才的禀赋、知识、经验、动力和毅力的综合体现。

（七）解决问题的能力

解决问题的能力包括提出问题和凝练问题，针对问题选择和调动已有的经验、知识和方法，设计和实施解决方案，对难题能够创造性地组合已有的方法甚至提出新方法来予以解决。解决问题分狭义和广义两种：狭义的解决问题就是人们通常认为的各种问题的解决，如物理问题、数学问题、技术问题等的解决；广义的解决问题则包括各种思维活动，在这种情况下，创新能力就等同于创新性解决问题的能力。

（八）实践能力

实践能力特指社会实践能力。提出创造发明成果，只是创新活动的第一阶段。要使成果得到承认、传播、应用，实现其学术价值、经济价值和社会价值，就必须和社会打交道。实践能力就是为实现这一目标而进行的各种社会实践活动的能力。

（九）组织协调能力

组织协调能力的实质是通过合理调配系统内的各种要素，发挥系统的整体功能而实现目标。对创新型人才来说，要完成创新活动，就要协调各方，当拥有一定资源时，就需要通过沟通、说服、资源分配和荣誉分配等手段来组织协调，以最终实现创新目标。

（十）整合多种能力的能力

整合多种能力的能力是能力增长和人格发展的结果，这需要通过学习、实践和人生历练才能实现。能否完成重大创新，拥有整合多种能力的能力是一个关键。

第三节　创新能力是四川省人才开发战略的重要内容

四川省第十次党代会通过的报告强调要“充分发挥四川的科教资源优势，走创新驱动之路，建设创新型四川”。四川省委十届三次全会将创新驱动发展战略确立为推进“两个跨越”的“三大发展战略”之一。简言之，四川省要加强自主创新，走创新发展道路，将增强自主创新能力作为可持续发展的战略基点和调整产业结构、

转变经济增长方式的中心环节。在“科教兴川”和“人才强省”两大战略的支撑下，要建设创新型四川就不能忽略人的因素。换句话说，要实现创新型四川的美好愿景，就需要对人才进行开发。在全国乃至全球而言，创新型人才“赤字”正在成为阻碍各国经济发展的主要原因之一。很多地区把人才战略上升为核心战略，把创新能力培养、创新型人才培育作为竞争的焦点。

从当前的发展状况来看，人才的创新能力是人才开发的重要内容，人才的创新能力建设成为人才工作的重中之重。“人才推动创新，创新推动发展”，在我省六支人才队伍中专业技术人才队伍因具备较高知识储备、较强创新能力而在经济社会发展中的作用不断增强，在理论创新、制度创新、科技创新、文化创新等方面取得重要突破。从这个角度来看，专业技术人才具有创新型人才所有的特质。可以断定，在今后一段时期专业技术人才队伍建设中，创新能力的建设仍是重中之重。

一、创新能力是专业技术人才最重要的特质

专业技术人才集创新思维、创新精神和创新能力三者于一身，其中，创新能力是最重要的特质。通常，创新能力可以说是个体或团队的创新能力，也可以说是机构乃至更大的经济或社会实体进行创新的能力。然而，我们必须强调一点，创新能力最终还是体现在个体所拥有的进行创新的能力。截至去年底，我省专业技术人才总量达到274.8万，占各类人才总量的30.7%，是科技创新的中坚力量，在推动我省经济社会发展中起着基础性、战略性和决定性作用，为四川省建设西部经济发展高地提供了坚实的人才支撑。

专业技术人才具有与所学学科或专业相对应的知识结构。“专”与“博”结合，具有扎实的基础理论知识、深厚的文化底蕴、精深的专业知识、广泛的相近学科知识以及和所研究领域有关的新的前沿性知识。同时，专业技术人才善于根据个体需要去主动选择学习材料和目的。这种学习具有自主性和探索性的特点，是一种挖掘自我潜能的学习，在科学研究中具有十分重要的价值。具体来说，其

特点包括：

（1）具有灵活的不为人左右的思维方式。能根据事物的变化，运用已有的知识和经验及时完善原定方案，寻求解决问题的最佳途径和方法；可以轻易地摆脱思维惯性，很快打破原有的思维定式，将原有的认识结构从一种形态转化为另一种形态；思维的效率较高，可以根据不同的信息修正自己对问题的认识，具有极强的适应性、自我调节能力及应变能力。

（2）具有认识的新颖性和高度敏感性。能提出一些奇思妙想，产生一些解决问题的新思路、新方法和能够被人们接受、认可的新观点，具有独创性和不可替代性。对待问题，具有高度敏感性和洞察力，善于发现问题，捕捉一些平常人不易觉察的问题和奇特的、不同寻常的事情。

（3）具有良好的心理品质、鲜明的个性特征。在挫折面前能很快调整自我心态，在任何不利条件下，都不动摇自己的信念，具有坚强的战胜困难和挫折的毅力和勇气；一般具有较强的个性和独立性，对所从事的事业会表现得顽强、执着，有着强烈的成就动机，对抽象性、概括化的事物认识兴趣浓厚。

总之，创新能力作为专业技术人才最为重要的特质，不仅应当配合我省人才战略规划的发展，更应当结合我省的区域特征大力开发，为创新型四川的建设添砖加瓦。

二、专业技术人才是创新能力实现的载体

建设创新型四川，增强自主创新能力，需要稳定和长期地对科技创新进行投入。如何使科技投入的效益最大化和长期化？答案只有一个：以人为本，以人才为本，以专业技术人才为本。历史经验一再证明，一个民族、一个国家的综合实力取决于它有多少创新型人才在进行创新性劳动。创新是一个民族进步的灵魂，是国家兴旺发达的不竭动力，是区域提升竞争力的关键力量。

专业技术人才是建设创新型四川的智力支持。自 20 世纪中叶以来，世界上众多国家都在各自不同的起点上，大幅度提高科技创

新能力以形成强大的竞争优势，从而快速推进了工业化和现代化发展。现代经济社会的发展佐证了人力资源创新能力直接关系到一个国家或地区综合竞争力的提高。与世界先进国家相比，我国还处在社会主义初级阶段，自主创新能力偏低，专业技术人才相对缺乏，严重影响了我国创新能力的提高和经济科技的增长速度。在新形势下，我们要按照科学发展观的要求，突破影响人才创新能力发挥的体制性障碍，培养高素质专业技术人才，为构建创新型国家、提高综合国力提供高素质的专业技术人才支持。

专业技术人才是提高创新能力的智力保障。党的十七大报告将"中国特色自主创新道路"作为中国特色社会主义道路的五条具体路径之一，并把增强自主创新能力作为科技发展的战略基点，加快转变经济发展方式，推动产业结构调整。党的十八届三中全会提出建立健全鼓励原始创新、集成创新、引进消化吸收再创新的体制机制，建立产学研协同创新机制。这就要求我们依靠科技进步和劳动力素质的提高，大力提高原始创新能力、集成创新能力和引进、吸收、消化再创新能力，大幅度提高科技创新能力，增强综合竞争优势。原始创新是建立国家创新体系的基础，需要有敢为人先的开拓者勇于探索、勇于实践。在原始创新基础上进行的集成创新，需要系统的组织管理者，优秀的创新领军人才，发挥团队创新合力。而引进、消化、吸收再创新是另一种层面上的自主创新，需要有学贯中西的创新型人才在引进国外先进技术基础上进行再创新。在目前的情况下，走自主创新发展道路，既要有高素质的原创型人才的智力支持，又要有善于在集成创新中系统管理的组织型人才的智力支持，还要有善于消化、吸收再创新的复合型人才的智力支持。这就要求我们竭尽全力加大创新型人力资源的开发力度，在更高起点上实现新突破新飞跃，为提高自主创新能力提供强大的智力保障。

专业技术人才是创新集聚的源泉。只有具备相当数量的高素质专业技术人才资源，才能形成集聚优势，才能变成巨大的创新力量。因为专业技术人才本身既具有一种以创新潜质的显现为前提的人才特征，又具有以良好精神状态为表现的人格特征和综合素质。

专业技术人才的重要特征在于具有强烈的探究未知知识的精神状态和坚忍不拔、勇往直前的创造意识、超越意识、进取意识，并有良好的科学人文素养。而这些正是构建创新型四川不可或缺的重要元素。

三、四川省推动专业技术人才技术创新的途径和方法

2010年6月，科技部、财政部、教育部等国家八部委共同确定四川省为国家技术创新工程试点省份，这也是国家在西部地区唯一布局的技术创新工程试点。省委书记刘奇葆在试点启动大会上明确指出，四川省创新工程应抓住提升企业创新能力这个关键环节，着力资源配置，加速成果转化，全面提升我省产业发展竞争能力。要突出企业主体，着力培育高新技术产业和战略性新兴产业。大力推动企业成为技术创新需求主体、研发投入主体、创新活动主体、成果应用主体，培育一批有较强实力和国际竞争力的创新型企业，启动一批战略性新兴产品培育工作。要探索创新机制，围绕我省“7+3”优势产业升级，建立利益共享、风险共担的产学研合作长效机制。要整合科技资源，大力推进人才、资金、技术等创新要素向企业集聚。要强化创新服务，形成面向企业开放的技术创新服务平台，重点支持源头创新、技术创新、成果转化和中介服务平台建设，把高新区和各类产业园区作为各项改革和创新政策的试验区，加强科技领军人才的培养、引进和使用，激发各类人才的创造活力。

由此可见，创新能力在人才发展战略中具有极其重要的地位。但是，对四川省来说，专业技术人才，特别是高层次专业技术人才的匮乏已经是一个不争的事实。改变这一窘迫的局面无疑是当前我省创新发展面临的难题，而这种试点工程无疑是推动专业技术人才科技创新的重要平台，这也是改变四川省高层次专业技术人才匮乏的一次重要契机。

具体来说，四川省将采取以下四个方面的措施来推动专业技术人才的技术创新。

首先，推进重点骨干企业参与技术创新工程。加快建设骨干企业牵头、高等院校和科研院所参与的产学研联盟，围绕重大科技创新项目、重大专项、重大成果产业化、产业中的重大核心问题开展技术创新。在成都，强化企业在技术创新中的主体地位，发挥大型企业创新骨干作用，产业领先优势日益凸显：以中蓝晨光、银河磁体等企业为代表的新材料产业，以科伦、地奥等企业为代表的生物医药产业，以中航工业成飞公司、川大智胜等企业为代表的现代航空产业，形成了成都的先发优势；电子信息、软件外包、生物医药等领域已具备参与国际分工合作的能力；移动互联网、轨道交通、生物医药、航空产业、3D产业等战略性新兴产业呈现出蓬勃发展的势头。此外，英特尔、德州仪器、赛门铁克等世界500强企业已有248家落户成都，数量居中西部城市首位。

其次，推进重点科研单位参与技术创新工程。支持帮助企业化的科研院所努力建设成为创新型企业，不断加大研发投入，开展研发活动，成为自主创新的主体。促进服务型科研单位进一步扩大面向企业服务的范围和质量，畅通成果转化通道，增强产业技术服务能力。中科院成都分院、四川大学、电子科技大学、西南交通大学、四川农业大学等一大批高校科研院所成为技术创新重要力量。通过产学研合作，成都专利申请量和授权量持续保持年均30%以上的增速，连续8年保持中西部第一位。

再次，推进中小企业参与技术创新工程。中小企业一直是技术创新和技术转化的主要载体。我们将用好科技型中小企业创新资金，通过产学研合作等多种方式，加大对中小企业技术创新的支持，扶持和壮大一批具有创新能力和自主知识产权的中小企业。加强行业内大中小企业创新合作，提高中小企业的配套协作水平和持续发展能力。例如，成都中小企业集群创新日益活跃。成都科技型中小企业近年以超过20%的速度增长，国家级高新技术企业达972家，一批具有核心技术和自主知识产权的“成都智造”产品不断走向全球，单个高新技术产品销售收入超过10亿元的“成都智造”近20个，科伦药业、硅宝科技、川大智胜等一批科技型内培企业成功上市。

最后，推进地方参与技术创新工程。支持5～10个有条件的市县开展示范活动，围绕区域特色产业发展，培育具有自主创新能力和核心竞争力的创新型企业、具有区域特色和产业支撑能力的产业技术创新联盟、具有较强技术服务能力和灵活运行机制的创新平台，优化全省技术创新产业支撑布局。

除了上述措施，科技部也对四川省的创新工作给予了大力的支持。科技部前副部长李学勇强调，科技部将会同有关部门，集成各方面资源，加大力度支持四川省试点工作的开展。一是支持四川省开展创新型企业建设，依托有条件的企业建设国家重点实验室、国家工程技术研究中心等创新基地，支持创新型企业积极承担国家重大科技项目；二是支持四川省产业技术创新战略联盟的构建和发展，围绕产业技术创新链提升产业核心竞争力；三是支持四川省加快推进区域创新体系建设，发挥国家、省级高新区集聚、辐射、带动作用，建设产业技术创新服务平台，在支撑优势产业发展、培育战略性新兴产业和产品等方面取得新成效；四是支持四川省在体制机制创新方面先行先试，在政策环境建设上取得新的突破。在试点启动大会上，与会领导还向四川启明星等国家创新型企业、中石油川庆钻探公司等四川省创新型企业、绵阳数字电视产业技术创新联盟等产业技术创新联盟授牌。

【思考与探索】

1. 什么是创新？我们该如何看待创新？
2. 简要论述熊彼特、弗里曼、德鲁克的创新思想。
3. 你如何看待创新与山寨的关系？
4. 创新思维、创新精神和创新能力之间存在怎样的关系？
5. 简要论述创新能力的构成。
6. 简要论述专业技术人才创新能力建设的重要作用。
7. 创新型国家有什么特征？我国的创新型国家建设的目标是什么？

第六章　专业技术人才创新能力培养

【本章要点】培养专业技术人才的创新能力无疑有助于创新型国家的建设。“德才兼备”不仅是我国人才强国战略的重要内容，更是专业技术人才必备的素质。创新能力即是当今社会发展所需的“才”。虽然改革开放三十多年来，我国在培养创新能力上取得了诸多成就，但是，与发达国家相比，我国仍存在诸多薄弱环节。而国外对创新能力培养的实践和经验则为我国创新能力的培养提供了可借鉴的经验。

放眼世界，举凡发展飞速的国家，无一不是对人才创新能力的培养高度重视。这是因为只有具有创新能力和创新行为的专业技术人才才会对创新产生真正巨大的作用。大力培养创新型专业技术人才已经成为当今世界各国实现经济科技发展和提升综合国力的重要途径。“创新是一个民族的灵魂，是一个国家兴旺发达的不竭动力。”在全面建设创新型国家的艰辛道路上，培养与使用创新型专业技术人才将发挥至关重要的作用。

2012 年 5 月 28 日，胡锦涛同志主持召开了中共中央政治局会议，研究《深化科技体制改革，加快国家创新体系建设》。在此次会议上，胡锦涛同志强调了提升专业技术人才创新能力的关键就是要加强高水平领军人才和青年科技人才的培养，引进海外优秀人才，支持归国留学人才创新创业；要建立健全科学合理的人才评价标准，加强科研诚信建设，营造科学民主、宽松包容的学术氛围，进一步激发广大科技人员的积极性和创造性。要落实和完善相关法律法规和政策措施，为科技创新发展提供有力保障。

2012 年 4 月 17 日至 18 日，全国专业技术人才会议在成都召开。在这次会议上，人力资源和社会保障部副部长王晓初同志指出，专业技术人才是我国人才队伍的骨干力量，是实施人才强国战略的重要内容。2012 年专业技术人才工作的重点之一就是要着力推动高层次人才引进和培养创新创业能力。四川省是人口和人力资源大省，更应当发挥区域优势，努力培养专业技术人才创新能力，为建设创新型四川和打造西部经济高地奠定坚实的基础。

第一节　创新能力是当今社会发展所需的“才”

人才是指德才兼备且具有某种特长的人，不同的人才具有不同的特点。对专业技术人才来说，德才兼备中的“德”就是我们在上篇已经详细论述过的职业道德，而“才”则是指专业技术人才需要具备的创新能力。毫无疑问，当下创新已经成为推动社会发展的关键驱动力，拥有一支相当规模、德才兼备的专业技术人才队伍，是构建创新型四川和打造西部经济高地的重要保障。那么，专业技术人才具备了哪些素质才能称为有“才”呢?

一、科学的世界观和方法论

纵观现代科学发展史，凡有成就的科学家大都具备科学的世界观和方法论，其最突出的表现就是拥有唯物史观和辩证思想。恩格斯曾经深刻地指出：“如果有了对辩证思维规律的领会，进而去了解那些事实的辩证性质，就可能比较容易达到这种认识。”事实表明，拥有唯物史观和辩证思想对专业技术人才事业的成败，往往起着决定性作用。牛顿，世人所熟知的杰出科学家，其前半生研究自然科学，自发地倾向唯物主义，因而在经典力学、微积分等方面取得了卓越的成就；然而其后半生却陷入神学的迷雾之中，企图证明上帝的存在，结果耗时 25 年，却一事无成。

科学的世界观和方法论的另一大重要表现就是善于根据现代科学的发展特点来促成团队合作。现代科学发展一体化的趋势日益加强，专业技术人才要发挥其独特的作用，也愈来愈依靠集体和社会

的力量。由于科学研究存在专业化的分工，科学研究任务又大多具有综合性的特征，因而当代许多重大的科学技术成就都需要依靠群体力量、采取合作研究的方式取得，许多杰出的科学家也是从这些团队中涌现出来的。

二、动态综合的知识结构

专业技术人才通常拥有动态综合的知识结构。这种知识结构通常由知识、技能和能力等方面构成，一般具有较高的效能性、较强的适应性、较好的进攻性和较明显的独特性。而每一种特征都体现了专业技术人才某个方面的认知。效能性，是为社会和人类进步服务的效能高低程度，即贡献大小；适应性，是根据科学技术发展特点和趋势，能够适应从一个领域转向另一个领域所发生的改变；进攻性，是探索、开拓未知领域的能力；独特性，是浓厚的个性特色。

恩格斯曾经指出，科学的发展同前一代人遗留下来的知识量成正比。但是，当代科学知识陈旧的周期越来越短，如果专业技术人才不勇于探索未知，加速知识更新，开拓新的领域，不断调整自身的知识结构，就无法进行创造性的工作。

更为具体地说，专业技术人才所具备的动态综合知识结构包含三个方面：一是要拥有“专”与“博”的知识结构。作为一名创新型的专业技术人才，不仅要熟知本专业的知识，还必须有人文科学、社会科学、自然科学的广博知识，才有创造发明的综合能力。二是要拥有熟练的基本技能，包括善于利用信息情报和图书资料，掌握各种基本的实验手段，以及进行调查、计算、统计分析（使用现代工具、方法）等技能。三是要熟悉一二门通用外语，这样才能顺应世界科学文化发展，以更好地获取、运用和创新知识。

三、丰富的想象力和良好的抽象思维

丰富的想象力和良好的抽象思维决定了专业技术人才能不能完成创新活动。一般来说，不论科学上的发现，还是技术上的发明，都来源于人们的实践。但是，这并不否认抽象思维和想象力的重要性，反而恰好突出了它们的重要性。这是因为通过实践只能得到科学事实，然而，事实并不等于发明创造，只有经过丰富的想象力和良好的抽象思维，才能透过现象看到本质，从而完成创新活动。

爱因斯坦提出相对论，对全世界的科学发展做出了不可磨灭的贡献。但是，要清楚地看到，相对论是建立在他著名的理想实验上的，而这些理想实验的建构就需要丰富的想象力和抽象思维，否则就很难开展这些理想实验。如果爱因斯坦没有这些理想实验做基础，也就很难总结出相对论的基本原理。所以，他自己深有体会地说："想象力概括着世界上的一切，并且是知识进化的源泉；严格地说，想象力是科学研究中的实在因素。"由此可见，丰富的想象力和良好的抽象思维是专业技术人才必备的素质。

四、善于捕捉新奇现象

科学技术的发明产生于对新奇现象的捕捉。这些新奇现象可能是一些信息，也可能是一些新思想，这都孕育着事物的本质；同时它又有新颖、奇特之处，与一般的常见现象不同，透过这些现象，可以抓住新的本质，实现发明、创造。

新奇现象的捕捉需要两个条件：第一，勤于观察。这种现象尽管有新颖、奇特之处，但有时表现得很微弱，并且和一般现象混杂在一起，稍有疏忽，就会遗漏。第二，善于质疑。由于各种现象混杂在一起难以分辨，而且，即使新奇现象也不一定必然都有价值，因此，需要多提出疑问，多进行分析，区别哪些是正常现象，哪些是新奇现象；在新奇现象中，哪些有价值，哪些是无价值的干扰现象。回顾科学史，有所创造的科学家，大多能细心体察，从而发现新奇现象，并善于质疑，最后获得有利于科学发明的信息。这说明，专业技术人才无论是在完成实验研究，还是理论研究的过程中，都善于观察、质疑和捕捉新奇现象。

第二节　创新能力培养的主要做法

当前，随着知识经济的到来和全球化的进程正在不断加快，培养创新型专业技术人才已经成为不可逆转的趋势；同时，我国正在不断提高自主创新能力和大力推动创新型国家建设，这也使培养创新型专业技术人才成为现实需要。从人力资本投资的角度看，要培养创新型专业技术人才通常有个体开发和政府开发两个层面。然而，个体开发无法脱离政府对待知识、对待人才开发的态度。因此，我们仅以政府开发层面做重点总结和归纳。

一、我国创新能力开发与培养的历史回顾

我国创新能力的开发与培养集中体现为对创新型专业技术人才的开发与培养，因而其历史回顾也集中在对创新型专业技术人才的开发与培养上。改革开放三十多年来，我国对创新型专业技术人才的重视程度越来越高，从培养、引进等各方面均加强了扶持力度。我国目前的创新型专业技术人才战略也是在改革开放的实践中逐步形成的。从邓小平同志“尊重知识、尊重人才”的号召到当前中央领导同志提出的要实施“人才强国战略”举措，我国创新型专业技术人才的开发与培养主要经历了四个阶段的变迁。

（一）第一阶段：1978—1991 年

本阶段以 1978 年 3 月 18 日邓小平同志在全国科学大会上的讲话为起点。在这次科学大会上邓小平指出，正确认识科学技术是生产力，正确认识为社会主义服务的脑力劳动者是劳动人民的一部分，对迅速发展我们的科学事业有着极其密切的关系。革命事业需要有一批杰出的革命家，科学事业同样需要有一批杰出的科学家。

在这一讲话精神的指引下，我国的科学事业在接下来的十多年一直呈现出蓬勃向上的局面，我国的科学人才政策开始遵循市场经济规律，鼓励科技人才流动、实施按劳分配；与此同时，一系列政策、措施，如逐步提高人才待遇、鼓励人才出国留学，并推动大学

和科研院所的人员素质结构调整，提高科技人才队伍素质，建立博士后制度等，都极大地调动了我国科学人才的工作热情。

（二）第二阶段：1992—2001 年

本阶段以邓小平同志的“南行讲话”为起点。在“南行讲话”中邓小平同志指出，要加快改革开放的步伐，改革开放的判断标准主要看是否有利于发展社会主义社会的生产力，是否有利于增强社会主义国家的综合国力，是否有利于提高人民的生活水平。发展才是硬道理，要抓住有利时机，集中精力把经济建设搞上去。发展经济必须依靠科技和教育，科学技术是第一生产力。

在这段时期，我国始终支持创新型专业技术人才的培养，建立并完善人才市场流动制度、培养青年学术带头人、扩大优秀青年科技人才队伍、建立院士制度和加大科技成果奖励力度等重大举措相继出台。这些政策和措施不仅进一步推动了我国科技事业的发展，更为今后我国的人才发展战略奠定了良好的基础。

（三）第三阶段：2002—2009 年

本阶段以 2002 年国务院发布《2002—2005 年全国人才队伍建设规划纲要》为起点。这个阶段的一个显著标志就是我国经济发达地区的人才战略已经由跟随型阶段发展到赶超型阶段，部分发达地区的人才战略已处于领先型阶段，全国的人才向经济发达地区集聚的态势越来越明显。除此之外，这个阶段的另一大重要现象就是经济发达地区拥有的可以和发达国家相竞争的高科技行业越来越多，高素质人才从海外回流的现象已变得十分普遍。

这一时期，我国进一步加大了对创新型专业技术人才的培养力度，通过培养一批具有世界水平的高端人才来带动我国的创新水平。与此同时，政府还制定优惠政策鼓励企事业单位培养、使用创新型专业技术人才，提高人才待遇以吸引海外高端科技人才回国或来华工作，从而构建有利于创新型科技人才工作、生活的社会环境。

（四）第四阶段：2010 年至今

本阶段以我国《国家中长期人才发展规划纲要（2010—2020）》

（简称《纲要》）的发布为起点。这份规划纲要的颁布标志着我国对创新型专业技术人才的开发与培养有了更深远的规划，并确立了创新型专业技术人才开发与培养的战略基点。“突出培养造就创新型科技人才”是《纲要》中规划的人才队伍建设主要任务的第一项，这足以说明国家层面对创新型专业技术人才的重视程度。

在这段时期，提高自主创新能力、建设创新型国家无疑是工作的重点。围绕这项工作重点，我国需要努力造就一批世界水平的科学家、科技领军人才、工程师和高水平创新团队，注重培养一线创新型人才和青年科技人才，建设宏大的创新型科技人才队伍。到2020年，研发人员总量力争达到380万人，高层次创新型专业技术人才总量达到4万人左右。除此之外，《国家中长期人才发展规划纲要（2010—2020）》也是今后一段时间开展创新型专业技术人才培养工作的重要依据。这份人才规划纲要，提出了六个方面的发展意见：

第一，创新型专业技术人才的培养模式就是要建立学校教育和实践锻炼相结合、国内培养和国际交流合作相衔接的开放式培养体系。探索并推行创新型教育方式、方法，突出培养学生的科学精神、创造性思维和创新能力。

第二，加强实践培养。依托国家重大科研项目和重大工程、重点学科和重点科研基地、国际学术交流合作项目，建设一批高层次创新型专业技术人才培养基地；加强领军人才、核心技术研发人才的培养和创新团队的建设，形成科研人才和科研辅助人才衔接有序、梯次配备的合理结构，从而提高自主创新能力。

第三，深化科技体制改革。完善权责明确、评价科学、创新引导的科技管理制度，健全有利于创新型专业技术人才创新创业的评价、使用、激励机制，进一步解放和发展科技生产力。

第四，制订加强高层次创新型专业技术人才队伍建设意见。完善院士制度，注重院士称号的精神激励作用，规范院士学术兼职。加大海外高层次创新创业人才的引进力度，组织实施创新型人才推进计划、海外高层次人才引进计划，推进“百人计划”“长江学者奖励计划”“国家杰出青年科学基金”等人才项目。

第五，注重复合型人才培养。破除论资排辈、求全责备的观念，加大对优秀青年人才的发现、培养、使用和资助力度；加强产学研合作，重视企业工程技术与管理人才的培养，推动创新型专业技术人才向企业集聚。

第六，发展创新文化。倡导追求真理、勇攀高峰、宽容失败、团结协作的创新精神，营造科学民主、学术自由、严谨求实、开放包容的创新氛围。建立健全科研诚信体系，从严惩治学术不端行为。

党的十八届三中全会提出了进一步深化科技体制改革，指出健全技术创新市场导向机制是落实技术创新驱动战略的重大任务。明确指出要“改革院士遴选和管理体制，优化学科布局，提高中青年人才比例，实行院士退休和退出制度”，以求更好地发挥院士团队这一最高层次的专业技术人才的领军和参谋作用。

二、我国创新能力培养的薄弱之处

当前，知识经济和全球化趋势已成为社会发展的主要背景。知识经济使知识成为主要资源，知识的创新、开发、传播和应用成为知识经济的依托。经济全球化的一个显著特征就是经济已经完全打破国与国之间的界限。

在这样的背景下，不仅对专业技术人才素质提出了更高的要求，也对一个国家提出了巨大挑战。一个国家如果缺少雄厚的科学和技术储备，缺少高素质的创新型专业技术人才，无疑将会失去国际竞争力。因此，培养创新型专业技术人才无疑具有现实意义和战略需求。但是，我国现实的培养状况却面临着传统文化的束缚、社会环境的压力和教育体制的桎梏等诸多困难。需要说明的是，创新能力的培养需要落实到人，而这里的人就是指创新型专业技术人才，因而创新能力的薄弱之处也就是创新型专业技术人才的薄弱之处。具体来说，这些薄弱之处主要体现在以下四个方面。

（一）青年创新型专业技术人才培养力度不够

培养力度不够首先体现在青年创新型专业技术人才在国家重大科研项目中发挥的作用有待进一步加强。据统计，2008年，在国家主体性计划的项目负责人中，35岁以下的项目负责人所占比例仅为7.6%。其中，“863”计划项目负责人年龄在35岁以下的比例为10.6%，科技支撑计划为2.5%，“973”计划项目为0.47%。这组数据已经清楚地说明了我国科研领域还存在论资排辈的现象，普遍存在于课题申报、经费下达、成果署名、成果评奖、职称评定、进修学习等环节，放手使用青年创新型专业技术人才的步子迈得不够大，青年创新型专业技术人才的职业发展阶梯仍然不够顺畅。

培养力度不够的另一重要表现为科研资源被中老年科学家占据。在1981—2010年国家技术发明奖一等奖前三名获奖人的获奖年龄分布中，45岁以下所占比例在10%左右，35岁以下的几乎没有。青年创新型专业技术人才很难在国家重大科技奖励中占据一席之地，这不利于调动青年投身科学事业的积极性。国家虽然设立了针对35岁以下的中国青年科技奖，但分量仍然不够。这样一来，青年创新型专业技术人才的上升空间和通道就受到限制，影响了更年轻一代创新型专业技术人才的成长。青年创新型专业技术人才往往需要通过其他方式才能获得更多学术研究资源的机会。这种“曲线救国”式的职业生涯轨迹，在很大程度上制约了一些有巨大发展潜力的青年创新型专业技术人才脱颖而出。

除此之外，我国自身的教育制度也是另一个重要的原因。2005年7月29日，温家宝到医院看望钱学森同志，在向钱老介绍制定新一轮科技发展规划后，钱老说：“现在中国没有完全发展起来，一个重要的原因就是没有一所大学能够按照培养科学技术发明创造人才的模式去办学，没有自己独特的创新的东西，老是‘冒’不出杰出人才。这是很大的问题。”钱老的这句话从根本上点出了我国目前培养青年创新型专业技术人才的力度不够，而深化教育改革无疑是一条出路。

（二）创新型专业技术人才团队建设不足

首先，受到传统观念的制约是导致创新型专业技术人才团队建设不足的首要原因。有一些团队的成员受到传统思想的影响，觉得宁做鸡头不做凤尾，因而很难将自己融入团队之中。另外，我们的管理人员也受到传统思维的限制，总是希望找到一些能力超强的人，集中精力去猎取一些复合型人才，从而忽略了团队力量的重要价值。

其次，绩效考核机制不够完善也是导致创新型专业技术人才团队建设不足的重要原因。个人和团队存在巨大差异，因而针对团队的考核和针对个人的考核也就需要因地制宜。对团队来说，考核的时候最好以团队的形式，而不是以个人的形式。如果以个人的形式，很多人就不会把自己的智慧贡献给团队了，而是留给自己。

再次，资源配置不够健全。在资源配置的过程中，很多资源更多地关注某个人而不是整个团队，包括现有的很多政策都是聚焦于某些个体而不是团队。这十分不利于团队的协调合作与发展。团队虽然需要一个领军人物，但是团队更需要一些骨干来支撑这个领军人物。如果说这些骨干没有得到相应的资源配置的话，这个团队就很难建成。

最后，管理因素也是不可忽视的影响因子，体现为团队缺乏分类管理的方法。在科研领域，团队主要分为基础研究类、应用技术开发类。还有一些企业当中的团队。由于团队的功能、性质等诸多方面不尽相同，因而其所需要的资源、运作模式等方面也不尽相同，所以最好对团队进行分类管理，而不是一把抓。

（三）制约创新型专业技术人才脱颖而出的因素众多

一是传统观念的制约是诸多影响因子之一。在中国，“万般皆下品，唯有读书高”“学而优则仕”已是知识分子根深蒂固的传统意识。这些传统意识使得中国的知识分子形成了这样的观念：读书就是为了做官，而不是为了做学问、做研究。在这种观念的影响下，不少学者舍学业而逐政绩，学术上半途而废，实在可惜。所以说，如果“学而优则仕”之类的传统意识不消除，即使培养出了优

秀的科技人才，他们也会弃学业而奔仕途，仍然是枉然。

二是“金本位”思想。针对这种思想，温家宝同志曾指出：“一些大学功利化，什么都和钱挂钩，这是个要命的问题。”学校办学的功利化趋向，使高校行政化、企业化、商业化的问题日趋严重；科研考核指标重量不重质，并与利益挂钩，导致教师和学生人心浮躁，学术腐败、剽窃行为严重。上行下效，由老师而及学生，学生进而推广之，此现象在其他科研机构同样存在。

三是体制机制的制约。长期以来，政府对教育与科研部门行政干预过多，形成了自上而下的行政主导型管理体制。学术行政化以及外部各种干扰因素都严重影响了创新型专业技术人才潜心研究搞创新，一些年轻有才华的科研人员为了谋求科长、处长这样的一官半职，宁愿放弃自己原本学得不错、干得也很棒的研究。这种浮躁的学术风气，难以形成鼓励科研人才专心从事科研工作的学术环境，难以产生高水平的创新成果。

除此之外，学术腐败现象严重。其具体体现有四点：一是学术权力化现象严重，有官职的人容易获得项目和经费，学术成为权力的附庸。二是科研攻关成风，一些学术带头人把很多的时间花在学术之外的“公关”活动上，不“公关”、不善于“公关”就拿不到课题和经费，其直接后果就是浪费了很多优秀科研工作者的精力，使他们难以做出大的创新成果。三是政绩工程成风，面对繁杂的政绩考核，以及被强制性或充满巨大利益诱惑的考核制度，科研人员的创新人格被扭曲，个人兴趣被抛在了一边，只能照表做答，导致当今学术论文抄袭严重，学术不端行为时有发生。四是学术宗派主义成风，有的研究机构与团体，在用人上只注重一脉相承，科研人员是同一“师祖师母”的现象极为普遍。这种学术宗派主义，不利于创新型专业技术人才的脱颖而出。

（四）缺乏高层次的创新型专业技术人才

2010 年 11 月 16 日，《求是》杂志刊登了一篇题为《创新型专业技术人才匮乏制约中国国际竞争力》的文章。该文章谈到，中国科技人力资源总量约为 4 200 万人，但高层次创新型专业技术人才仅1万人左右；在158个国际一级科学组织及1 566个主要二级组织中，中国科学家仅占总数的2.26%；我国拥有自主知识产权核心技术的企业仅占万分之三，具有自主品牌出口不到10%，高新技术产品出口90%来自外资企业。这组数据无疑已经显示，我国缺乏高层次的创新型专业技术人才。

除了上述这篇文章提到的这组数据，在战略新兴领域，我国依然缺乏高层次的创新型专业技术人才。如果把高层次的创新型专业技术人才作为领军人物，我国四千多人里只有一个。在科学研究领域如果没有拨云见日的领军人物，那么只能在云层下做重复性工作。所以我国追赶了二十年，回过头来看很多方面和西方的差距却越来越大。以光伏产业为例，这项产业我国搞得很热，但关键设备仍然依赖进口，我国创造一美元的产值却替美国创造了九美元的产值。很多战略新兴产业都出现了这样的情况，不是我国不想做、不努力做，而是缺乏领军人物，不知道从哪儿做、怎么做，辛辛苦苦忙了半天还是在云层下面。

三、值得借鉴与学习的成功经验

纵观世界各国发展的情况，都将自主创新提高到相当高的地位。各国都十分重视培养和引进创新型专业技术人才，特别是高层次创新型专业技术人才，纷纷把建设创新型专业技术人才队伍作为增强国家自主创新能力的基础性战略。不仅在资金、政策方面给予全方位的支持，同时也加强人才培养基地的建设，可以说是“不惜重金”。由于发达国家经过数十年的探索，基本形成了高效运转且富有成效的人才培养机制，已经积累了更多、更有效的理论和经验，故以发达国家为例对创新型专业技术人才的培养进行重点阐述。

（一）高层次、跨学科、多元化地培养创新型专业技术人才

高等教育已经成为一种国民素质教育，像研究生教育这样的高层次教育已经成为培养创新型专业技术人才的主要阵地，其水准也体现了这个国家的科技与经济竞争力。2009年，美国国务卿希拉

里宣布将美国国家科技基金对科技学科大学生的奖学金名额从原来的每年 1 000 名增加到 3 000 名，奖金额度由每年 3 万美元提高到每年 4 万美元，并鼓励、支持妇女和少数族裔从事数学、科学和工程等学科的研究。这说明长期以来，发达国家都非常重视研究生教育，并陆续推出博士、博士后资助计划来吸引人才继续接受更高层次的教育，以此来更多地培养创新型专业技术人才。

同时，国外还非常重视跨学科的培养方式。由于科学技术的迅速发展，许多现实问题单纯靠一个学科的知识已经无法解决，必须借助跨学科的综合知识。跨学科的视角往往能够从完全不同的角度来看待问题，并能够给人新的启示。比如，传媒的现实问题仅仅依靠新闻学难以得到最佳的解决途径，因而就必须借助社会学、心理学、传播学、人类学等其他学科来共同探寻解决问题的方案。

除此之外，发达国家还在培养方式上力求多元化。除了传统的大学培养模式外，大学与科研机构合作培养、大学与企业合作培养、企业办学培养等方式层出不穷。以德国亚琛工业大学为例，在做课题时，时常采用“博士＋硕士＋工程师”的团队工作方式，在从事研发活动时，强调“高校＋科研院所＋企业”的研究方式。这种灵活多样的培养方式，不仅可以让人才拥有更多的创新空间，也更容易做到人尽其才。

（二）用市场的思维培养创新型专业技术人才

只有与产业和市场的需要结合在一起，对创新型专业技术人才的开发才会产生巨大的收益。这种市场的思维体现为两点：一是学界与业界的联合，即大学、科研机构与产业界合作培养创新型专业技术人才；二是鼓励企业建立创新专项基金，让还身处学校的创新型专业技术人才参与到企业的创新活动中或利用这些资助开展自己感兴趣的创新研究。

英国就是一个很好的例子。英国政府为提升创新型专业技术人才的创新能力，鼓励企业和研究机构联合起来开展创新研究活动，建立了许多用于创新的专项基金和专项计划，如“LINK 计划”“高等教育创新基金”“科学企业挑战基金”“大学挑战基金”“公共领域开发基金”“智慧计划”“法拉第伙伴关系”等。这些专项基金和专项计划在提高研究机构和企业创新能力的同时也培养出了大批创新型专业技术人才。

（三）强化继续教育的意识，重视发掘新人才

继续教育是维持一个人创新能力的重要手段。在发达国家，无论是科研单位还是企业，通常会提供短期或专门的培训方式，以提升员工的知识储备和技能水平。从实际效果来看，继续教育可在短期内满足一些企业人员掌握高技术技能的需求，可有效弥补大学学科设置周期长的缺陷，更能以此来培养人们不断学习的意识。

与此同时，发达国家还十分注重挖掘新人才。这其中，各种科技学会和研究会在网罗高级科技人才方面也发挥着巨大作用。以英国皇家学会为例，其宗旨之一就是发掘科学精英，其资助计划多达30多种，平均每年资助1 600多名杰出科学家的科学研究活动和大量的国际科技交流活动。

第三节　创新能力培养与提升的具体实践

近几年来，四川省呈现出快速发展的态势。在这个发展历程中，专业技术人才的创造力及其创造的各项科技成果，对四川省的社会发展起了极大的推动作用，尤其是在当前人才强省战略中，专业技术人才更是起着举足轻重的作用。随着四川省经济进一步快速发展，创新型四川的建设步伐会不断加快，让专业技术人才具备一定的创新能力就变得更加迫切。

因此，只有加强对专业技术人才的培养与开发，不断提高各领域专业技术人才的创新能力，采取有效措施，充分发挥其积极性、主动性和创造性，才能使四川省在竞争中立于不败之地。但是，创新能力的培养与提升需要遵循一定的规律，如果违背了这些规律，不但不能培养和提升专业技术人才的创新能力，还会适得其反。

一、人才成长的基本规律

人才学家王通讯认为，人才的开发和使用是一项系统工程，更是一门科学，要靠长期持续的系统培养。这就意味着人才工作者要注重在实践中探索规律、掌握规律和运用规律，才能减少工作中的盲目性，有利于把人才工作做得更好。有鉴于此，王通讯学者提出了人才成长的基本规律。

（一）人才培养过程中的师承效应规律

在人才教育培养过程中，徒弟的德识才学得到师傅亲手指导、点化，从而使前者在继承与创造过程中与同行相比，能够少走弯路，并达到事半功倍的效果，有的还形成了“师徒型人才链”。当前，诸多技能大师工作室正是延续这种师承制形式，并在技能人才培养中发挥着独特的作用。2011 年，四川省人力资源和社会保障厅等部门颁布了《关于建设四川省技能大师工作室的意见》，并评选出了四川省李兵航天产品焊接技能大师工作室等 10 个四川省技能大师工作室。这为发挥师承效应奠定了良好的基础。

（二）人才成长过程中的扬长避短规律

所谓扬长避短就是发扬长处，避开短处。人都各有所长，也都各有所短，这种差别是由人的天赋素质、后天实践和兴趣爱好造成的。一个人要成为人才，特别是创新型专业技术人才，大多明白扬长避短的好处。日本松下集团的松下幸之助在用人上就是一个颇为典型的例子。

这件事发生在第二次世界大战后，日本的松下幸之助为重建松下集团中的胜利者公司，从许多的候选人中挑选了原海军上将野村古三郎，决定派他担任胜利者公司的经理。该公司是以经营音乐唱片为主的大型企业，但是，野村对音乐、唱片一窍不通，也不会做买卖。对于野村的出任，松下集团各方面看法不一，认为他不能胜任此职的占大多数，就连野村自己也认为自己完全不懂业务，把握不大。然而，松下集团最高决策人松下幸之助胸有成竹，他认准野村不但有豁达大度、人格高尚的品质，而且更具有知人善用、擅长经营的能力。他针对野村的长处和短处，采取扬长抑短的用人策略，给野村配备了优秀的业务人才，让他们把一切业务工作承担下来，使野村居于他们之上，摆脱具体业务的缠绕，发挥他组织调度、控制和督促大家的作用。结果如松下所料，胜利者公司在野村的经营下，获得了相当可观的经济效益，企业一派兴旺。由此可见，扬长避短不仅能够做到人尽其才，更能为组织带来巨大的效益。

（三）创造成才过程中的最佳年龄规律

人才类别不同，其才能的最佳发挥年龄也不尽相同。根据人才研究者的统计研究，其大致情况如下：科学创造的最佳年龄区间是25～55岁，峰值年龄为37岁。有学者对公元1500—1960年全世界最杰出的1 249名自然科学家和1 928项重大科学成果进行统计分析，发现自然科学发明的最佳年龄区间是25～45岁，峰值为37岁。

中国航天科技集团公司，作为中国航天的主导力量，仅去年就完成了19次运载火箭发射任务和多项导弹武器系统的研制生产与飞行试验任务。谁能想到，支撑这一系列重大任务的团队是一支年轻的队伍。在集团公司人才梯队中，各型号“两总”在45岁以下的就占到总人数的53%，正副主任设计师、研究室主任在35岁以下的也占到总人数的56%。正如集团公司有关部门负责人在接受《光明日报》记者采访时介绍：“十年树木，百年树人。人才队伍建设就如同航天工程研制一样，不可能一蹴而就，必须具有长远的眼光、宽阔的视野和创新的思维，做到超前思考、超前谋划、超前布局。”由此可见，人才水平的高度就是事业发展的高度，在这个年龄区段内往往更能获得成就。

（四）争取社会承认的马太效应规律

“马太效应”一词，典出《圣经》第25章之《马太福音》。1973年，美国学者、科学史专家罗伯特·默顿指出，科学上的“马太效应”是指对已有相当声誉的科学家做出特殊科学贡献给予的荣誉越来越多，而对那些还未出名的科学家则不肯承认他们的成

就。简而言之，马太效应指的就是“有者容易愈有，无者容易愈无”的现象。

早在1958年，毛泽东同志就有类似的论述，他说道：“从古以来，发明家，创立新学派的，在开始时，都是年轻的，学问比较少的，被人看不起，被压迫的。这些发明家在后来才变成壮年、老年，变成有学问的人。这是不是一种普遍规律，不能肯定，还要调查研究。但是，可以说，多数如此。”因此，在创新型专业技术人才培养与建设过程中，需要“伯乐相马”的能力，挖掘、鼓励和保护有发展前途的“潜人才”。

（五）人才涌现过程中的共生效应规律

在植物界里有这样一种现象：当一株植物单独生长时，显得枯萎、单调，缺乏生机；当它与众多的植物一起生长时，它们则根深叶茂，生机盎然。人们把植物这种相互影响、相互促进的现象称之为“共生效应”。人类群体也存在“共生效应”，人才的成长和涌现通常具有在某一地域、单位和群体相对集中的倾向。在一个较小的空间和较短的时间内，人才不是单个出现，而是成团或成批出现。我国曾出现“医学乡”“教授县”“人才市”等现象。比如，江西叶江（今名抚河）流域为我国历代名医辈出之地，享有“医学乡”的美誉；湖北蕲春县是闻名的“教授县”；浙江东阳市则有“百名博士汇一市，千位教授同故乡”的称号。在国外，人才的“共生效应”同样显著。例如，英国的卡文迪许实验室，在1901—1982年，先后共有25位科学家荣获诺贝尔奖，从而成为各国莘莘学子向往的圣地。

1984年5月，著名物理学家李政道教授在中国科技大学访问讲学时，曾大力提倡教师们互相学习、交流信息。他说：“我与杨振宁博士合作打破宇称定律就是在吃饭时解决的。”丁肇中博士在与我国研究生谈话时，多次提到，他获得诺贝尔物理奖，主要得益于同行间的启发、帮助。如今，各大城市的高新技术园区、大学城总是聚集在城市的某个片区，这种相对集中不仅是对共生效应规律的遵守，更是有助于专业技术人才开展创新活动。

（六）环境优化过程中的综合效应规律

人才的成功与发展，都离不开自身素质和社会环境两个条件。前者决定其创造能力的大小，后者决定其创造能力能够发挥到什么程度。网易公司创始人丁磊就是在企业中成才的例证。他从成都科技大学毕业后，先后在宁波电信局、广州飞捷（一家INTERNET服务公司）工作，积累了丰富的经验和计算机知识，重要的是他敏感地意识到中国信息时代即将来临。之后他注册成立了网易公司，从一个只有三个人的企业成长为在美国纳斯达克上市的公司，他本人也变成了当今网络信息提供商中不可小觑的人物。

二、创新能力培养的三大定律

要培养创新型专业技术人才，除了要遵循人才成长的基本规律外，其自身也存在一定的规律。因此，在具体的培养过程中，只有明确了其规律的内涵和联系，才能有意识地提升创新能力的学习并在实践中取得事半功倍的效果。在这里，我们介绍与创新相关的三大定律。

（一）创新灵度定律

当人的生产运动和思维运动相互作用到一定阶段，知识的广度和深度达到一定水准时，人就会产生一种创新意识（灵感），称为创新灵度。

（二）创新速度定律

在人的生产运动和思维运动相互作用的过程中，当人的创新灵度与客观环境发生作用时，会产生出一种创新能力改变客观环境，从而创造出一种新事物来，称为创新速度定律。

（三）创新力度定律

人在实践中创新业绩越多，创新力度就越大；相反，创新业绩越少，创新力度就越小。

这三大定律直接与创新型人才的成长发生关系，相互作用形成一种合力，决定创新业绩的高低。运用这三大定律来调动人的主动性、积极性和创造性，将大大加强人的创新能力。

三、专业技术人才提升创新能力的具体途径

对一名专业技术人才来说，遵守一定的规律无疑是其提升创新能力的基础。但是，专业技术人才要想在创新实践中增强创新能力并走向事业的成功，这不但取决于自身的专业素质及其个人创新能力，也取决于其合作或协作能力，还取决于其对所在机构的创新制度及创新文化的适应程度。

（一）注重工作技能和综合素质的培养

马克思曾指出，科学是实验的科学，科学就在于用理性方法去整理感性材料。归纳、分析、比较、观察和实验是理性方法的主要条件。澳大利亚学者威廉·贝弗里奇也认为，所谓科学研究就是对新知识的探求，所以对有独创精神的人特别具有吸引力，他们所用的方法亦各不相同。专业技术人才应具有的思维方式主要是探索性思维，这是因为科学研究是一项探索性活动，科学的认识活动当然就离不开探索性思维。探索性思维应包括静态的科学思维（实验方法）与动态的人文思维（随机方法），两者结合方能相得益彰。纵观人类的科学发展史，可以说，它就是一部探索史、发现史。各门学科都在探索、都在发现、都在创造，也都离不开探索性思维。这就意味着在培养专业技术人才创新能力的过程中，除了基本的工作技能培训外，还应当注重思维的培养，而思维则是完成各项创新工作的基础。

除了思维的培养，我们还可以发现，专业技术人才在完成科研的过程中，他们往往会根据工作中出现的问题和困难，通过反馈作用即时调整研究计划和方法，以达到理想效果。所以，提升这类人才的综合素质无疑具有现实意义。具体来说，有两个环节是至关重要的。第一，注重人的全面发展，包括动态综合的知识结构、综合创造能力等，也就是说，专业技术人才要德才兼备。第二，在不同发展阶段因材施教。以青年人才为例，有些单位将青年科技人才从入职工作到成为骨干细分成新任期（1 年内）、提升期（2～3 年）、成熟期（4～5 年）和挑战期（6～10 年）四个阶段。这样划分有利于针对青年科技人才不同发展阶段的不同发展特征，进行专门的、有针对性的培养，从而提高效率，做到因材施教。

（二）树立终身学习的意识

终身学习是指社会每个成员为适应社会发展和实现个体发展的需要，贯穿于人的一生的、持续的学习过程，具有终身性、全民性、广泛性、灵活性和实用性等特征。自 20 世纪 60 年代中期以来，在联合国教科文组织及其他有关国际机构的大力提倡、推广和普及下，1994 年，“首届世界终身学习会议”在罗马隆重举行，终身学习在世界范围内达成共识。终身教育已经作为一个极其重要的教育概念在全世界广泛传播。许多国家在制定本国的教育方针、政策或是构建国民教育体系的框架时，均以终身教育的理念为依据，以终身教育提出的各项基本原则为基点，并以实现这些原则为主要目标。在当今社会，若要说到何种教育理论或是何种教育思潮最令世界震动，则无疑当数终身教育。

创新是探索性和实践性极强的活动，而个人的创新机会和创新实践是十分有限的。因此，通过学习前人的理论和经验，学习他人的创新实践经验来提高自己的创新能力，便成为一条行之有效的途径。通过学习成功的创新案例，特别是学习借鉴创新环境大致相同情况下的成功案例，对提高个人和团队的创新能力很有帮助。当今时代，世界在飞速变化，新情况、新问题层出不穷，知识更新的速度大大加快。人们要适应不断发展变化的客观世界，就必须把学习从单纯的求知变为生活的方式，努力做到活到老、学到老，树立终身学习的意识并真正践行这一理念。

（三）强化创新动机

现代心理学的研究表明，人的一切行为都是由动机引起的。创新动机就是指引起和维持主体创新活动的内部心理过程，是形成和推动创新行为的内部驱动力，是产生创新行为的前提。专业技术人才的行为模式虽然要受学校教育、家庭环境的影响，但更重要的是，其创新动机，尤其是内在创新动机是影响其创新行为最重要、最直接的原因。创造的内在动机是由个体的内在需要引起的，也就

是个体对某种东西的缺乏而引起的内部紧张状态和不舒服感，使人产生欲望和行为的驱动力，从而引发创造行为。动机的强度或力量既取决于需要的性质，也取决于诱因力量的大小。此外，目标的价值、个体或群体对实现目标的概率的估计或期待与动机的力量也有一定的关系。创新主体的创新动机并不是单一的，而是多元的，这既与创新主体的价值取向有关，也与组织的文化背景、创新者的素质相关。产生创新动机需要具备以下五个条件：

1. 创新的心理需要

创新的心理需要是指创新主体对某种创新目标的渴求或欲望。根据马斯洛的需要层次理论，自我实现需要是指人们希望完成与自己能力相称的工作，使自己的潜在能力得到充分的发挥，成为自己所期望的人物。创新的心理需要是作为创新主体对实现某种创新目标的欲望，实际上是创新主体希望自己的创新能力能够在创新过程中得到发挥。因此，创新的心理需要可以认为是人的需要的最高层次之一。

创新主体的创新心理需要是在自己对个人成就、自我价值、社会责任、企业责任等各种创新刺激的作用下产生的。当内外刺激和谐时会产生共振，使创新的心理需要程度加大，推动创新主体积极进行创新活动。创新的心理需要可反复产生，按照心理学所揭示的规律，需要产生动机，动机支配着人们的行动，通过循环往复，从而使创新活动一直持续下去。

2. 成就感

成就感是成功者获得成功时为所取得的成就而产生的一种心理满足。许多创新主体进行创新的直接动机就是追求成就和成就感，因为他们把自己的成就看得比金钱更重要。正因为如此，具有成就感的创新主体更容易在艰苦的创新过程中保持顽强的进取心，推动自己前进，不达目标誓不罢休。

成就感通常只有成功的创新主体才会具备，因为如果创新总是不成功，创新主体的成就感就不会存在，原有的那么一点成就感也会慢慢地消失殆尽。在日本那种自尊心很强的组织中，员工们的创新行动除了因为把企业看作是自己的家之外，还有就是希望创新成功能使其他人对自己刮目相看，受到他人的尊重。

3. 经济性动机

经济性动机就是创新主体为了获得报酬和物质需求而产生创新欲望的动机。对大多数创新主体来说，衣食住行等基本生存问题是需要首先解决的，也是追求其他需求的基础。一般来说，创新主体的经济性动机是明确的，这就是各种创新的成功能够增进资源配置效率从而使企业效益增加，提高资源配置效率的同时也能增加自己的经济收入。

4. 责任心

责任心不仅是创新主体在思想意识中产生的一种使命意识，促使自己坚持不懈地努力；也是创新主体另一个重要的创新动机。这是因为创新主体在其工作范围内是一个责任人，要对其所做的工作负责。只有具备高度责任心的人才会去寻找当前工作中的毛病和缺陷，希望从中找到改进和提高的方向进行完善，使自己的工作做得更好。缺乏责任心的创新主体，往往会因为自身工作的疏忽导致创新活动的失败。

5. 勇　气

仅有创新欲望、创新意识是不够的，创新更需要勇气。哥白尼提出“日心说”就是对传统的“地心说”提出挑战，虽然他受到迫害，但他一直坚称“日心说”才是真理。如果哥白尼缺少这种质疑权威的勇气，他就可能屈服于权威，不能提出这样具有创新意义的观点。换句话说，由于创新是对旧理论、旧观念的怀疑、突破，是对权威的挑战，创新的结果有可能成功，也有可能失败。因此，既要敢于质疑，敢于挑战，同时又要有充分的思想和心理准备，勇于承担因创新而带来的风险。

（四）倡导行为模式多元化

专业技术人才的行为模式多种多样，各有优点和不足之处。例如，随和型专业技术人才，平易近人，善于处理人际关系，但行动缓慢、依赖性强、工作效率低，所以要加强行动力，培养独立性，

提高工作效率。理智型专业技术人才做事有条不紊、目标明确，但应该纠正其待人冷漠、喜欢独处的缺点。外向型专业技术人才有开诚布公、善于合作的优点，但要改进其缺乏耐性、盛气凌人的缺点。情绪型专业技术人才要克服消极情绪，培养坚强的意志，减少敏感焦虑的情绪。所以说，弥补缺点、完善优点能提高专业技术人才的创新业绩。因此，有的放矢、对症下药地为创新型人才的发展提供土壤，有利于个别优化、整体强化，促进共同发展，这就是倡导行为模式多元化的根本所在。观人观大节、看人看主流，尊重人才的特殊禀赋和不同个性，遵循人才成长的客观规律，真正做到对各类人才用其所长、避其所短。从实践来看，要适用其才，“骏马能历险，犁田不如牛”，必须扬长避短；要适用其时，讲究时效，克服滞后现象；要适用其位，防止以短就长；要用而不疑，为人才创造良好的环境，保持最佳状态。使所有人员充分认识并体会到，只有依靠集体才能使自身的长处得到淋漓尽致地发挥；一个集体也只有依靠个人作用的发挥，才能焕发和显示出强大的力量，从而达到“双赢”。

【思考与探索】

1. 我国创新能力的开发与培养共经历了几个阶段？每个阶段的特征分别是什么？
2. 我国当前创新能力的培养存在哪些问题？
3. 国内外培养创新能力的主要做法和经验有哪些？
4. 人才成长的基本规律有哪些？
5. 简要论述专业技术人才创新能力培养的途径。

第七章　专业技术人才创新能力的管理

【本章要点】专业技术人才创新能力的管理要达到的目标就是专业技术人才能够在和谐的氛围下，充分发挥自身的创新能力。要达到这样的目标，个人的自我管理依赖于不断学习、不断实践，同时也需要较高的情商。组织对专业技术人才创新能力的管理则需要组织战略、组织结构、组织执行与激励、组织文化的共同作用。政府的管理则需要依靠营造和谐的创新氛围、出台相关政策来加以引导、资金投入、建立长期引入机制等手段。只有政府、组织和个人多管齐下，才能做到合理、有效的管理，并让专业技术人才的创新能力得到最大限度的发挥。

进入21世纪，随着“创新”对社会经济和人民生活的影响日益扩大，“创新能力”对国家发展、社会进步的作用日益增大，创新型专业技术人才逐步成为创新活动中最为活跃的群体，创新能力管理也随之成为专业技术人才更为重要的任务之一。创新能力的管理越来越受到世界各国的重视，各国纷纷竭尽全力为吸引和聚集创新型专业技术人才进行环境建设和政策体系构建，意在为创新能力的发挥提供一个理想的平台，并通过外在的力量吸引创新型人才不断汇聚。

创新能力有效管理的实现，应从三个层面达成。一是政府管理，通过政府政策设计实现创新能力的有效、科学的管理；二是单位或组织管理，企业或机关事业单位通过本单位的规章制度，实现人尽其才、物尽其用；三是人才个体对自身能力的管理，通过学习、合作、沟通等措施实现科学利用创新能力。

第一节　国外创新能力管理的经验借鉴

目前，无论是发达国家还是发展中国家都十分重视创新能力的管理，并认为如果能够有效、合理地管理创新能力，不仅有助于构建和完善创新体系，更有助于创新型国家的建设。与创新能力的培养一样，创新能力的管理也需要落实到人，这类人才被称为创新型专业技术人才，因而对创新能力的管理的重点就需要落脚于对这类人才的管理。也就是说，创新能力管理的本质就是人力资源的管理，要实现合理的管理就要实现把具备创新能力的人才“引得进、留得住、用得好”的目标。

从当前的发展现状来看，我国的创新能力管理在政府、组织和个人层面上均面临着一系列的挑战。2008 年中国科协发布的《中国科技人力资源发展研究报告》显示，我国人才资源仅占人力资源总量的 5.7%，高层次人才仅占人才资源总量的 5.5%。这说明我国不是一个人才强国。以四川省为例，四川省是人力资源大省，但非人才强省，突出表现为缺少高层次的具有创新能力的人才，创新能力整体偏弱。与之形成鲜明对比的是，发达国家经过多年的积累，对创新能力的管理已经拥有了扎实的理论基础和丰富的实践经验。因而学习、借鉴国外对创新能力的管理，对提升我国的创新能力无疑具有重要的现实意义。

一、创新能力的政府管理面临的挑战

创新能力的政府管理层面多涉及管理的宏观层面，其原因就在于政府在这个管理体系中居于领导者、监督者的作用。而这样的宏观层面的问题也使得政府在管理创新能力时，将面临诸多挑战，难以短期内实现有效调控。具体来说，这些挑战包括四个方面：管理体制方面的挑战、政策措施方面的挑战、资金投入方面的挑战和创新环境方面的挑战。

（一）**管理体制方面的挑战**

这方面面临的首要挑战就是工作部门、职能部门交叉和重叠的现象较多。这种现象不仅会导致部门之间缺乏统筹和综合协调，也会导致管理效率大幅降低，更会对人才政策的制定和宣传产生负面影响。这种负面影响体现为人才工作的规范性、开发性不足，这也就进一步导致相关人才政策评价、反馈与更新机制不健全。

另一个重大的挑战是分配制度的合理性问题。从目前的管理现状来看，产权不够明晰会限制创新型专业技术人才的创新积极性；同时，针对现代产权制度中与各类人才创造性劳动相关的人才产权，如专利、商标、技术机密、科技或市场信息等无形资产类知识产权价值体现少。

（二）**政策措施方面的挑战**

政策措施是政府在创新能力管理过程中扮演引导者、监督者的关键，其需要面临的挑战无疑也是巨大的。

首先，政策的滞后性现象明显。虽然近十年来，特别是党中央召开第二次全国人才工作会议后，全国各省（市、区）都纷纷根据自身区域发展的实际提出了多项有利的政策，特别是四川省，不仅编制了《四川省中长期人才发展规划纲要（2010—2020）》，还出台了《加快西部人才高地建设的意见》这一主体文件和《专业技术人才智力转化》等七项与主体文件相关的配套政策。但是，现有的这些政策仍然不能够满足社会发展的需求，创新型专业技术人才并不完全能够合理、有效地发挥其创新能力。

其次，政策难以得到有效保障。政策“落地率”较低就是这样的体现之一，在上传下达的过程中，往往容易“走过场”，其实际效果也大打折扣。与此同时，这些政策在运行过程中公众参与、舆论配合严重不足。有些政策出台后，由于宣传不到位，加之政策内容受众范围较小，这就难以达到预期效果。

最后，政策的不完整性现象长期存在。当前，不论是全国性政策，还是区域性政策，均存在一定的政策空白点，包括知识产权保护、规范人才流动、人才市场建设、继续教育，以及社会保障等方

面。这些空白点的存在不仅会导致其他政策的实施效果差，其权威性、可操作性等方面也会受到一定程度的影响，更会对全局发展产生负面效应。

（三）资金投入方面的挑战

资金方面的首要挑战是对高层次的创新型专业技术人才资金投入总量仍显得不足，投入重点不突出、结构不合理，与经济社会发展的结合度不高。特别是各类高层次创新型专业技术人才之间缺乏内在联系，缺乏一个核心的实施对象和层次化的布局，使得人才开发的投入力量比较分散，未能形成有效的合力。

另外，由于缺乏科学预测，在投入多少、怎么投入的考虑和操作上，都存在一定的随意性。投入的需求分析不够，在人才投入的方向和领域、投入的总量和重点等方面的预测和规划力度不够，政府投入与市场投入的比重和职责划分不清。

除此之外，在对高层次创新型专业技术人才的投入上缺乏有效的引导、保障和规范的机制。在投入手段上未能结合人才未来发展的需求，进行多元化和多层次的创新。对于人才开发投入的主体，缺乏一定的政策引导，尚未引入市场化的开发投入方式。特别是在监管方面，现行的监督主体与被监督主体还属于一体化的状态，各级组织的监督作用发挥不够。从人才开发投入的效益评估上看，由于没有建立投入产出考核体系，这就导致投入和产出不成比例，所投入高层次创新型专业技术人才的密度和质量与产业发展要求不相适应的情况普遍存在。

（四）创新环境方面的挑战

创新环境方面的挑战主要体现在具体的建构环节，这包括政府鼓励创新的力度不足，政府和市场对高层次创新型专业技术人才的舆论环境的建设还有待于进一步提高；同时，还要关注海外人才“水土不服”的状况，要完善相关的政策体系，努力营造创新文化、鼓励冒险精神，还需要进一步贯彻“尊重劳动、尊重知识、尊重人才、尊重创造”的方针，以营造良好的创新氛围。

二、创新能力管理中组织和个人管理困境

要实现对创新能力的管理不仅取决于组织的管理者，也取决于创新型专业技术人才自身的管理。组织为创新型专业技术人才提供了直接的就业平台，提供薪酬、社会保险等各方面的基本条件，为创新能力的发挥提供了支撑。目前，组织层面创新能力呈现出巨大的差异性，行业之间也存在一定的差异。但从总体来说，组织层面的创新管理仍然存在一系列的问题：首先，组织，特别是中小组织在创新能力的管理上资金投入不够。其次，创新环境营造还有待进一步加强。再次，在创新型专业技术人才的引进、培养、激励等方面的不规范现象仍然存在。最后，部分组织在创新能力的管理效率上还有待进一步提高，在管理措施上还有待完善。

个人管理困境主要表现为心理成长的“倒退”与“约拿情结”的束缚。在成长过程中，有对自身的畏惧，不愿接受与自己能力相近的挑战。挑战意味着不安全，使人焦躁不安，即约拿情结。除此之外，思维方式固化、问题意识淡漠、思辨思维缺失、知识结构不合理也是突出存在的问题。

三、国外创新能力管理案例分析

科学技术是第一生产力，人才是第一资源，科技的进步和创新在很大程度上取决于国家的创新型专业技术人才的数量和质量，也取决于国家为创新型专业技术人才所创造和提供的环境。发达国家积极营造创新环境，在物质激励、满足职业发展需要以及提供良好的生活保障等方面形成了优势。让我们先来看美国和新加坡是如何对创新型人才和创新能力进行管理的。

（一）美国科技创新型人才的环境建设

美国作为世界头号强国，它的历史不过两百多年，却拥有世界上大约 1/2 的博士、1/3 的硕士和 1/4 的学士。美国拥有的世界顶级科学家占全世界的一半还多，是中国的 200 倍，这无不与美国实施的引进和留住国外创新型人才的政策有关。

在美国，科技创新型人才的环境建设可以说是一直持续着，并且这种建设体现在社会生活的方方面面。比如，以 H-1B 技术工作签证法案引才；以政府或者民间基金会的高额奖学金等为基础，吸引世界名校学生和学者赴美求学或做访问学者；以政府和诸多的公司、个人、慈善机构等设立的雄厚科研基金吸引人才；以总统科学奖等特殊的奖励激励人才；重金聘用甚至高价收买有较强科技创新能力的人才等。除此之外，美国拥有优越的创新环境，高工资、高职位、高生活水准，科学研究比较自由，科研经费充裕，教学科研设施一流，实验设备先进，科研信息资源丰富，学术思想交流活跃，这些优势吸引了大量的国外科技创新型人才。具体来说，有以下三个方面值得借鉴。

1. 政府的巨额资金支持

一是巨大的科技投入。美国科技投入长期以来居于世界前列，其研发投入占 GDP 的比例在 20 世纪 80 年代就一直保持在 2.3%以上，美国研发人员人均研发经费也是发达国家中最高的，在 2007 年达到了 25 万美元。

二是政府以大量商业合同的方式，向企业直接投入研发经费。在美国产业界的研究经费比例相当小，不到 20%的分量来自联邦政府，其中大部分是通过商业合同形式提供的。互联网是美国国防部为解决战争期间的有效通信问题而提出的一个军事合同。

三是采用税收激励政策。美国的“国内税收法”规定：一切商业性公司和机构，如果其从事研发活动的经费同以前相比有所增加的话，可获得相当于新增值 20%的退税。如果个人从事商业化的研发活动，其投入同样可以享受 20%的退税。

四是政府支持基础科学创新。美国政府一直是基础性科学研究的重要支持者。巨大的资金投入，使得美国科学家在全世界重要期刊发表的论文数、取得的科技成果数，以及获诺贝尔奖的人数都处于世界前列。

2. 良好的创新环境

一是多元化的投资环境。美国大学和研究机构经费的主要来源是联邦政府和州政府等的拨款。此外，美国民间基金会也是科研经费的重要来源。据统计，美国有大大小小的各种类型的基金会约47 000个，基金总额4 000亿美元。各基金会资金来源渠道多，运作模式、管理方式各有不同。科研人员可以根据自己的兴趣向各类基金会申请项目，从而创造了较为宽松的科学研究环境。美国联邦政府、民间基金会和学校对年轻的科技创新型人才还给予特别的支持。

二是宽容失败的环境。美国各界人士都有一个共识：允许失败。他们相信大多数科技人员都具有良好的职业精神，失败都不是主观不努力造成的。这种理念极大地保护了科技创新型人才的积极性、自信心和责任心，为其不断创新营造了广泛的空间。

三是信息公开、资源共享的环境。美国用于研发的投入非常巨大，各类政府与基金会资助的项目数量巨大，种类繁多。但在基金管理中，重复申请、重复资助的项目并不多。这主要得益于信息公开与资源共享机制比较合理，措施相对完善。

四是大学与工业界的密切合作。美国在两百多所大学中建有一千多个各种类型的大学与工业界的合作研究中心，研究经费主要来自政府和工业界。这些研究中心为大学与工业界的科技创新型人才提供了合作研究与创新的舞台。

3. 完善的管理机制

一是在创新型人才开发方面，形成了一套科学合理的人才选拔和任用机制，以及政府、大学、企业密切合作形成的人才培训和终身教育机制。

二是形成了人才市场调节机制。通过规范与完善的人才中介市场，实现双向自由选择，科技创新型人才可以找到用武之地，科技创新型人才资源可以得到有效配置。另一方面，美国住房、医疗、保险等的社会化，为人才的市场化配置奠定了基础。

三是形成了人才竞争机制。其内容非常丰富，不仅有岗位竞争，还包括科研项目与科研经费、职位晋升、培训机会、项目小组成员资格的竞争等。

四是形成了公平与多样化的分配机制。分配的依据包括职位、责任、能力、贡献等，分配形式包括工资、奖金、福利、公司股票等。近年来，美国许多公司纷纷采用股票期权及配股等方式，以吸引、嘉奖和留住优秀的科技创新人员。

五是形成了公开、公正的人才考评机制。经过多年的探索，已经形成将工作表现与工作业绩相结合的有效考评方法，并将考评结果与职位升迁和奖惩挂钩。

六是提供了良好的科研条件和工作环境。美国许多高技术公司为科技创新型人才配备先进的实验设备，提供充足的科研经费及后勤保障，使他们没有后顾之忧。不少高科技公司实行弹性工作制度，科技创新型人才甚至可以在家里上班。

（二）新加坡科技创新型人才的环境建设

新加坡政府十分重视科技创新，强调要以知识、创新及才能来参与竞争。经济发展局从 1997 年开始设立“亚洲创新奖”。这个一年一度的奖项极大地提升了新加坡的国家形象。新加坡还制定了科技发展和科技人才培养的长远计划。

1. 政府增加投入鼓励创新

政府在科技教育、培训和基础研究方面大量投入，以提高国民的科技素质；设立了“研究、创新及创业理事会”，成员包括政府高层官员、私人企业界和科学界代表等，专门为政府在国家研究、创新及创业的策略方面提供咨询；同时还设立了“国家研究基金”，以资助长期性的战略性研究项目。

2. 产、学、研密切合作

政府确立了以市场需求为出发点的产、学、研密切合作的研发体制。为促进研究机构与产业界的合作，科技局推出了激励本地企业开展研发工作的资助计划。如果企业与研究机构联合提出的项目申请获得批准，企业通常能得到相当于总费用 70％的资助，并对研发项目给予资金和税收优惠等方面的支持；以科研条件、生活待遇、人文自然环境等优势的硬件环境和条件吸引国外优秀科技人才；以科技园区、孵化器、风险投资等为基础，支持科技人员将科技成果商品化和创办高科技企业。

3. 营造有利于创新的环境

在社会上，在工作职位、项目申请、经费支持等方面每人都有平等的竞争机会，创造让真正有能力、有创新意识的科技创新型人才脱颖而出的环境；在组织内部，形成公平、公正的科技创新型人才选拔、使用、晋升和利益分配的机制；在生活上，提供能够体面生活，同时对未来又有良好预期的收入水平，保证生活上没有后顾之忧。如新加坡的住房政策，保障每个人都有房可住，为人才发挥自身作用提供了良好的物质环境。在工作中，创造良好的工作环境，使个人价值得到充分的承认和尊重，个人才能得到应有的发挥和赞赏，个人的贡献不会被忽略并得到合理回报；构建优越的科研环境，让科研人员专心于自己所喜欢的研究事业，没有过多的心理和工作压力，避免无关紧要或不利因素的干扰。

四、国外创新能力管理值得借鉴的经验

除了上述两个案例，其他许多国家的创新能力管理经验都值得我们借鉴和深思。比如，英国在进行创新能力管理时，就做到明确创新的战略地位、设立高等教育创新基金、实施培养和吸引人才计划、支持中小企业创新等措施。又如韩国，注重吸引、有效利用并厚待国外的高层次科技创新型人才，同时创建科技园区，重视科研基地建设，重视研发经费的投入和有效利用。可以看出，创新能力的管理，需要政府提供良好的创业环境，激发创新精神，释放创造活力，让创新智慧竞相迸发，创新型人才才能大量涌现。四川省正处于创新发展的关键时期，经验的借鉴必须要考虑本土的实际情况。基于这样的考虑，值得我省借鉴的经验包括以下五个方面。

（一）以发展现代服务业为重点，构建创新能力管理的环境优势

现代服务业既是高端人才聚集的产业，也是高端人才开发利用和发挥创新能力的重要环境载体。发达国家一方面积极参与国际分工，主动承接国际服务业转移，引进跨国服务机构及伴随而来的网

络、人才、管理、制度等，从而积聚相关人才；另一方面则积极发展融资、商务、教育、保健、技术检测、数据信息、专业评估、专业外包以及咨询等专业服务组织，通过发展现代服务业营造更好的创业创新环境，为吸引和开发利用创新型人才营造氛围，为创新能力的发挥创建环境基础。

（二）创新孵化模式，用创新平台吸引创新型专业技术人才

从全球范围来看，创业创新所需的服务日益专业化，“孵化器”是创新能力充分展示的重要平台。实践表明，政府的有效支持是“孵化器”获得成功的重要保证。发达国家政府普遍注重对各类创业孵化园区的扶持，科学合理地引导其孵化模式，为吸引与开发创业人才奠定了基础。此外，还注重高端人才引进的政策制度化和流程规范化，提高政府服务质量和效率，降低高端创新型人才创业创新的成本。

（三）打造产业集群，汇聚创新型专业技术人才

创新集群是由基于一定地域范围内的企业、大学、研究机构、专业科技服务机构等组成的能通过畅通渠道聚集、开发、利用地域内外的各类创新资源，不断向外转移高新技术，并推出高新技术产品、服务的网络系统，是集聚创新资源、汇聚创新资本、吸引创新型人才的有效组织形态和空间形态。美国、韩国、新加坡等国鼓励科研机构落户，提倡国内外研究机构合作等方式，从世界范围内吸引知识载体的加盟，提升本国的总体知识水平，从而吸引更多的人才来创业。例如，美国硅谷就是高新技术产业群的最佳范例，聚集效应明显，成效颇丰。

（四）构建知识信息交流平台，营造知识积聚环境

创新型专业技术人才具有高水平的知识和技术能力，十分重视知识和信息的交流。因为这直接关系到他们所拥有的人力资本的保值和增值，也是其职业生涯不断发展的重要条件。政府积极营造知识信息的流动和集聚环境，如鼓励人才的交流和流动，倡导开展各类活动以加强人才的交流和积聚等，有利于优化创新氛围和工作环境，提高人才的整体水平。

（五）构建科学合理的企业管理制度

科技创新企业应更多地加强在企业文化和企业形象等方面的竞争，针对本企业的特点，以寻求统一的价值理念作为切入点，并在此基础上创造展现人才价值的舞台，建设尊重人才、信任人才、关心人才以及造就人才的企业文化，大力吸引高端人才的加入。构建物质激励、成就激励、发展激励三位一体的多维激励机制，为有效吸引并开发、利用人才提供保障。

第二节　创新能力的自我管理

所谓自我管理，就是指个体对自己本身的目标、思想、心理和行为等表现进行的管理，自己把自己组织起来，自己管理自己，自己约束自己，自己激励自己，自己管理自己的事务，最终实现自我奋斗目标的一个过程。作家杰克森·布朗曾经有过一个有趣的比喻："缺少了自我管理的才华，就好像穿上溜冰鞋的八爪鱼。眼看动作不断可是却搞不清楚到底是往前、往后，还是原地打转。"这个形象的比喻说明了自我管理是每个人对自己生命运动和实践的一种自我调节。自我管理的核心思想就是自我认知、自我组织、自我激励、自我监督、自我调控、自我评价、自我意识、自我锻炼、自我反省，使个体通过科学，有目的地逐步走向自我完善和提升，从而达到自我实现、自我成就和自我超越的一门科学与艺术；也是充分调动自身心灵的自动调节功能，最大限度地激发自身潜能，更有效地发掘和实现自身最大社会价值和责任的一门科学与艺术。自我管理对每一位专业技术人才来讲，都是一种十分重要的能力。

一、在实践中提升能力

人的能力只有在社会实践中才能产生与发展。个人身体差异对人的才智有一定的影响，如高大的身材可能影响某种才能的发展，小巧的身材可能有利于另一类才能的发展。瑞士心理学家让·皮亚杰的研究结果证明了这一点，同时他也证实了在人类智力活动中这

种影响是很小的。他指出，在新生儿诞生几天后，各种反射就被婴儿的经验修改了，并且变成了新的反射机制，这种新机制已经不是直接简单的由遗传决定了的。为此，干中学是提高创新能力并实现有效管理创新能力的重要手段。作为用人主体的用人单位和人才自身开展创新能力的管理必须在实践中提升能力。

（一）在不断学习中提升能力

学习能增长知识，开阔视野，增长才干，特别是面对日新月异的社会环境，不努力学习就跟不上时代的步伐。有研究指出，一年不学习，你所拥有的全部知识就折旧80%。江泽民同志强调领导干部要在工作之余加强学习，少一点应酬，多一点学习，要“学习、学习、再学习”；向群众学习，向不同类型的领导者学习，向历史上杰出的领导者学习，向国内外管理专家学习。建设学习型社会、学习型政府、学习型组织，是在不断学习中提升能力的有效载体。四川省积极推动学习型社会的构建，早在“十一五”人才发展规划中就已明确提出要构建学习型社会，各基层提出了学习型机关、学习型企业等响应党中央号召，在学习中成长的观点逐步明确。为促进创新能力的不断积累、不断学习，四川省按照国家人力资源和社会保障部的部署扎实推进专业技术人才培训工程项目，累计培训数十万人次，大大提升了专业技术人才的创新能力。政府还积极引导企业强化创新型专业技术人才的培训，以提供资金、项目等形式来加以引导。

作为人才个体，一方面通过正规的教育体系，如高等教育、职业教育，加大人力资本投资。通过老师传授、同学交流、书本学习、实验室操作等模式可提升人力资本能力，提高创新能力和对创新能力加以管理的能力。另一方面，通过非正规的教育体系，在岗培训、继续教育学习以提升自我。从更大意义上来讲，就是在具体工作中提升能力，即“干中学”，在实践中成长，在实干中成才。

学习、自我更新不仅仅是指学习新知识，还包括对各种新的经验、新的观念的接受。乐于自省的人是工作、生活中深思熟虑的人，也是一个自觉的人，能这样做，其进步必然快。古人云：“反己者，触事皆成药石。”一个人只要多反省自己，就可以不断总结经验教训，从而做到自我提升、自我管理。

（二）在竞争、合作和沟通中提升能力

1. 在竞争中提升能力

竞争是市场经济三大机制之一，也切实存在于工作的各个方面。作为个人而言，必须面对压力和竞争，竞争产生压力，压力才能变成动力，要敢于应对健康有益、互相促进、互相提高的竞争。用高度热情应对高强度的压力以实现高速度的成长，即“高温、高压、高速度”。在竞争中实现自我超越，并克服懒惰和贪图享受等不良风气的影响。

2. 在合作中提升能力

面对当前激烈的市场竞争，单枪匹马往往很难获得较大的成功，必须在团队中成长，向团队学习，通过充分的沟通和合作，实现能力整合。在合作过程中，实现知识的共享、信息的共用，实现知识积累规模效应和溢出效应，实现“1＋1＞2”效应，从而有效地提升创新能力。

闵恩泽，中国炼油催化应用科学的奠基人，为我国成功开发了炼油催化剂。在具体选择新催化材料类别时，闵恩泽与复旦大学化学系和原东北工学院材料系合作，采用炼金工业的急冷法来研制共熔点低的非晶态合金。不同专业知识的交叉与集成带来了原始创新和集成创新的思想火花。新材料的成功开发，源自科研开发中的经验、文献的启示，试验中的意外发现，更有不同专业的交叉，集体讨论、会议启发等各个方面。这需要科研工作者拥有一个开阔的胸怀，时刻从各个方面汲取知识营养，拥有广博的知识。催化剂开发历程表明，正是由于闵恩泽善于合作，在合作的过程中不断学习，才最终实现了自主创新。

3. 在沟通中提升能力

沟通是社会使用频率最高的词语之一，沟通不仅仅是领导与个体的沟通，还包括个体与个体的沟通；不仅存在于工作团队内部，也包括工作团队之外的交流和沟通。良好的沟通是成功的最基本要

素之一，是提升创新管理能力的基本途径，也是有效合作的前提、良性竞争的桥梁。无论是用人单位还是人才自身，良好的沟通都极其重要。

二、情商管理

创新的实现需要智商，更需要情商；还有人提出要加上逆商，即在逆境中工作的能力。智商使人抓住机会，情商使人利用机会，逆商使人不轻易放弃机会。

情商是认识、控制和调节自身情感的能力。有人认为，一个人的成就，20％取决于他的智商，80％取决于他的情商。提高情商，从某种意义上就是提高对自己的管理能力。情商高的人具有诸多其他人不具备的能力，包括：①控制情绪的能力，即能选择一个恰当的时机和处理问题的方法，正确识别、评价和表达自己的情绪能力，并恰当地加以表达；②识别他人情绪的能力，就是察言观色的能力，即通过观察他人的肢体语言、面部表情、语言音调来识别他人的情绪；③调解情绪的能力，即学会划定恰当的心理极限，找一个适合自己的方法，在感觉快要失去理智时让自己平静下来。

情商的修炼有助于创新能力的管理。首先要从心底领悟情商的重要性，这需要从家庭、生活、社会、企业等多个角度来把握。其次，要自我发现、训练、察觉自己的情绪，了解内心有利于更好地认识自己，知己知彼易沟通。第三，尝试与他人训练，通过与不同人际沟通风格的人沟通，学会与人交往的相处之道。情商培养需要用理论武装自己、修炼自己，组织情商效能的运用，并在实践中总结提高。

第三节　创新能力的组织管理

产品的创新、技术的创新以及流程的创新，可以使一个企业与其他企业有本质差异或者保持绝对领先。但是，这些创新都需要依靠“组织”作为营养温床。“组织”为员工提供成长的基础平台，保证员工能够产生源源不断的创造力，并且形成良好的资源组织体系，以便顺利地将创意变为现实。成功都离不开组织创新。因此，组织创新才是真正推动企业实现卓越梦想的动力，组织无疑是创新能力管理的重要支撑。

一、组织战略

组织战略是指组织对有关全局性、长远性、纲领性目标的谋划和决策，即组织为适应未来环境的变化，对生产经营和持续、稳定的发展所做出的全局性、长远性、纲领性目标的谋划和决策。组织战略是组织有效运行、实现创新能力有效管理的基础，组织战略是表明组织如何达到目标、完成使命的整体谋划，是提出详细行动计划的起点，但它又凌驾于任何特定计划的各种细节之上。战略导向会对创新能力和绩效产生直接的影响。战略反映了管理者对行动、环境和业绩之间关键联系的理解，用以确保已确定的使命、愿景、价值观的实现。员工的行动必须契合这个组织战略，其创新能力才有可能得到发挥。

组织战略有多种类型，即发展型、稳定型、紧缩型，是根据组织发展的不同阶段的特征以及市场的需求提出的。此外，还包括复合型战略、联盟型战略、成本领先战略、差异化战略、集中化战略等。组织战略在推进过程中要正确分析组织目前的优势和劣势，设计开发出能够适应战略需求的组织结构模式。通过组织内部管理层次的划分做到相应的责、权、利匹配，使用适当的管理方法与手段，从而具备确保战略实现的能力。总之，为企业组织结构中的关键战略岗位选择合适的人才，是组织战略推行的有力保障。

二、组织结构

大量的研究结果表明，组织结构能够有效促进创新，灵活的有机式组织结构对组织创新有着正面的影响。这是因为在有机式组织结构下，其专业化、正规化和集权化程度比较低，有利于提高组织的应变能力和跨职能工作能力，从而更易于发动和实施组织创新。

富足的组织资源是实现组织创新的重要基础，组织资源越充裕，其管理部门就能越有效、合理地管理创新能力，也能更好地推行整体性组织创新。

多向的组织沟通有利于克服组织创新的潜在障碍。例如，委员会、项目任务小组及其他组织机构等，都有利于促进部门间的交流，达成共识，并采用推广实施组织创新的解决方案。完善组织内部的“价值链”，上下工序之间、服务与被服务之间，用一定的价值形式联结起来，相互制约，力求降低成本、节约费用，最终提高组织整体效益。按照“价值链”的联系，实行上道工序由下道工序考核、辅助部门由主体部门评价的新体系，这样的新体系无疑有助于创新能力发挥。

在组织的不同层次，设置不同的责任中心，包括投资责任中心、利润责任中心、成本责任中心等，消除因经济责任中心设置不当而造成的管理过死或管理失控的问题。突出生产经营部门（俗称一线）的地位和作用，管理职能部门（二线）要面向一线，对一线既管理又服务。要从根本上改变管理部门高高在上，对下管理、指挥、监督多而服务少的传统结构。作业层（基层）实行管理中心下移。作业层承担着作业管理的任务，这一层次在较大的企业中，还可分为分厂、车间、工段、班组等若干环节。可以借鉴国外企业的先进经验，调整基层的责权结构，将管理重心下移到工段或班组，推行作业长制。一旦生产现场发生问题，由最了解现场的人员在现场迅速解决，从组织上保证管理的质量和效率。

三、组织执行力与组织激励

组织执行力，亦是战略实施能力，是组织的各种资源经过有效整合而形成的有助于成功实现组织战略的综合能力。组织执行力的强弱直接决定了企业战略的实现程度、实现速度和调整速度，也决定了组织创新管理的效率。组织执行力由心态、工具、角色和流程四个基本要素构成。其中，心态要素作为构成组织执行力的第一要素，是影响组织行为的第一要因，是组织能力外化为组织实践的内在动力源，更是实现合理、有效的组织创新管理的关键。

中国玩具批发网将诚信作为公司的一个基本方针，认为“诚信是中国玩具批发网取得业绩的基石，使我们能够提供优质产品和服务、与客户和供应商建立坦诚的关系，并在竞争中不断取胜。中国玩具批发网信守道德，以寻求竞争的优势。”在他们的《员工手册》和《诚信精神与政策——我们的承诺》中，对公司的每一名员工在与各种利益相关者进行职务交往时所应该持有的态度均做了非常详尽的规定。例如，在与客户和供应商的关系方面，对不当支付、国际贸易管制、防范洗钱、隐私权等都进行了详细的规定，为所有员工在与客户和供应商进行商务往来时，准确判断自己的行为是否与公司的立场和信念相一致提供了评判的基础和标准。国内的公司，比如以柔情文化著称的万科和以刚毅文化闻名的华为，在组织心态方面也已经达到了这样的程度。万科一直提倡“专业化+规范化+透明化=万科化”，并在《万科职员职务行为准则》中，将规范经营作为所有万科职员必须遵守的一个基本行为标准进行了详细的描述。而华为则一贯倡导员工要爱公司、爱自己的亲人，并将其作为公司的一项核心价值观在《华为公司基本法》第一章“公司宗旨”的“核心价值”第四条中予以正式确认。

组织激励涉及多个方面，创新型组织能够积极地对其干部员工开展培训、促进发展，从而加快干部和员工知识与经历的更新。同时，通过职业生涯设计，给员工提供高水平的工作保障，鼓励员工成为创新能手。一旦产生新思想，创新者就会主动而热情地将新思想升华并克服阻力，以确保组织创新方案得到推行。这也是通过组织激励实现创新能力管理要求达到的理想效果。

四、组织文化

组织文化是组织成员共同的信仰、准则、特定语言、思路，这些已使内部成员达成了共识，是将他们与其他组织区别开来的特征，并对创新能力管理形成内在的支撑。比如，沃尔玛的“永远低价”代表着一贯的低成本和节俭风格。又如，DEC 的“做对的事

情”支持了广泛的创新行为。组织文化主要有三个范围：第一是内容，涉及信仰、期望和准则；第二是强度，这是信仰和期望的力量；第三是同质性，这是信仰、期望和准则上的差别。

强化组织文化对创新能力的内在管理，主要包括以下内容：①鼓励多样思路。不强调专一性，提倡工作思路多元化，能够容忍哪怕是不切实际的想法和主张；减少组织监控，并把规章、条例、政策之类的监控减少到最低限度，加大管理的自由度。②鼓励承担风险。鼓励干部和员工大胆试验，不用担心可能失败的后果，把可能的错误作为学习的机会。③强调开放系统。随时监控环境的变化并快速做出反应；允许群体冲突的存在，鼓励群体中拥有不同意见，中等程度的群体冲突有利于调节群体气氛，从而实现更高的经营绩效。④注重结果导向。鼓励设置明确、具体的目标，积极探索实现目标的各种可行途径。注重结果的获取与评价，对给定的问题，允许解决方案多样化。

第四节 创新能力的政府管理

政府的有效管理需要布局合理、吸引人才、确保资金、建设好平台、优化环境。但是，当前政府层面的创新能力管理却面临着一些挑战，因而政府在制定创新能力管理策略时，就要针对这些已经存在的挑战，做到对症下药。

一、围绕现代产业 做好人才总体规划和战略部署

布局合理就是要有合理的宏观规划，即能够做好人才总体规划和战略部署。有鉴于此，政府相关部门应做好以下几方面。

首先，应明确自身职责，在对我省现有产业科技创新型人才队伍进行广泛深入调研的基础上，形成以四川省人才发展中长期规划为龙头，以专业技术人才规划、技能人才规划等为辅助的人才规划体系。在省级部门指导下，形成市、区、县层面的人才规划，对创

新型人才的开发、创新能力培养和利用等做出设计。

其次，要支撑人才总体规划和战略部署以做到合理布局，政府部门还要立足国情、省情，借鉴国外经验，研究制定推进我省创新型人才开发的指导意见，明确总体思路、指导方针、主要任务、重要举措、政策导向及工作要求。同时，制定配套政策措施，加快构建完善的创新型人才开发政策体系。

最后，政府还要建立并着手实施创新型人才重点开发工程。以当前主导产业和新兴高新技术产业为重点，通过制订培养引进计划和配套保障措施，集中力量，加大力度，尽快造就一批自主创新能力强、能够带动和支撑现代产业体系构建的高层次科技创新型人才队伍，特别是一批具有国内国际一流创新能力，能引领带动传统优势产业升级、高新技术产业发展的创新型领军人才和团队。

二、强化引进　努力构建具有比较优势的引才、引智机制

现实经验表明，引进一个高层次的创新型专业技术人才，可以让一个产业从无到有，也可以让一个产业从低端走向高端，甚至可以带动一个产业集群的形成和发展。但是，当前我省正处于转变经济发展方式、构建现代产业体系的关键时期，高层次创新型专业技术人才的匮乏是不争的事实。这说明，强化引进，努力构建具有比较优势的引才、引智机制已成为政府工作的主要任务。

首先，政府通过对国情、省情的考察，确定人才缺乏的具体类型，并以此为依据制定和发布《人才引进目录》。同时，还将人才吸引计划面向海外，特别是发达国家，从而做到有针对性、有重点地引进人才，使其能够充分发挥作用。

其次，政府还应当牵线搭桥，主动出击，组织到国外科技创新型人才密集城市开展招聘活动，并将这些招聘活动作为宣传自身的平台，让这些身处海外的人才能够知晓相关的优惠政策。在引进高端人才时，可以采用更加柔性的引进力度，并给予更加优惠的政策，吸引更多的高端人才来四川创业就业。

最后，政府要立足当前，着眼长远，建立完善的引才政策体系，全面打造优良的引才环境，创造出政策和环境上有吸引力和竞争力的比较优势，努力形成长效引才机制。要从收入和福利待遇、工作生活条件、创新创业支持等方面，制定具有足够吸引力的配套政策，形成对他们的"强磁"机制。

三、加大投入 进一步建立健全人才投入保障机制

资金，无疑是影响人才就业的关键因素。发达国家成功经验表明，充足的科研经费和充分的创新创业投融资保障是赢得创新型专业技术人才的优势和取得创新成功的基本条件。有鉴于此，加大投入，进一步建立健全人才投入保障机制就势在必行。

政府首先要真正明确对创新型人才开发投入是战略性投入、效益最大投入的观念，在保证科技投入增长达到法定要求，并实现更快、更大增长的同时，大幅度提高研发投入总量和所占比重，使其逐步达到国际先进水平。

与此同时，政府需要优化经费使用结构，确保其主要用于支持创新活动，为重大项目、重要创新平台载体建设提供资金支持和保障。发挥政府投资导向和杠杆作用及财税等政策调控作用，在保证教育经费稳定增长的同时，增加高校用于紧缺科技创新型人才特别是高层次人才培养的投入，建立高层次创新型人才开发专项资金，健全科研事业单位在职科技人才培育经费保障机制，引导和促进企业加大研发投入及增加社会资本投入科技创新。

另外，政府还可以进一步借鉴东西方成功经验，通过发展创业风险投资和担保机构，建设融资平台，推行知识产权质押贷款业务等，推进创新创业融资体系建设和机制创新。

四、加强平台和载体建设 深入开发创新型专业技术人才资源

平台与载体建设可以促进人才之间的交流，也有助于推动人才的深入开发。国内外经验表明，大力推进平台和载体的建设与发

展，既是构建创新体系的需要，也是造就、聚集和用好科技创新型人才的需要。没有大量优良的载体，难以凝聚、造就大量优秀创新型人才。因此，政府需要将加强平台和载体建设作为工作重点。

平台和载体的建设首先需要政府制定更有力、更有效的综合配套政策措施，更好地形成重点工程技术中心、实验室等重点载体建设，与造就高水平创新型人才统筹推进、相互促进、相得益彰的机制。

其次，政府通过集中力量建设一批国内国际一流载体，加快造就一批国内国际一流创新型人才和团队。同时，要进一步研究制定全面促进各类机构创新平台建立建设的有效政策，特别是科技创新型人才独立或联合创建研发机构，以及加快推出民营企业研发机构发展的支持政策。

最后，要高标准地搞好成都国家级高新区、成都国家级开发区、中国绵阳科技城等开发区和创新创业基地、成都留学人员创业园等载体的基础设施等硬件建设和政策服务等软环境建设，以更优惠的政策，健全的创业资助和融资机制，完善的服务体系，优良的综合环境，吸引聚集创新型人才创新创业，使之成为最佳创新创业基地。

五、加强社会环境建设　营造创新创业氛围

环境的建构包括社会环境和创新环境，其不仅是创新型专业技术人才在就业时需要考虑的重要因素，更是影响全社会创新行为的关键点。因此，加强社会环境建设并营造创新创业氛围无疑是政府进行创新能力管理的一项义务。

加强舆论宣传是政府的主要工作，通过借助大众传媒来大力弘扬创新文化，不仅要进一步营造“四个尊重”的浓厚社会氛围，更要切实形成鼓励探索创新、崇尚发明创造、宽容失败的社会文化环境。

努力提高科技创新型人才的社会地位，形成其最受社会敬重的社会风尚是政府应当采取的另一大措施。动员和促进社会各方面支

持创新型专业技术人才的开发，推进与其相关的各方面环境的改善，从而全面优化其社会环境和创新创业氛围。

【思考与探索】

1. 我国当前在创新能力管理上存在哪些困境?
2. 国外创新能力管理有哪些值得借鉴的经验?
3. 如何做到创新能力中的自我管理?
4. 简要叙述情商管理在创新能力自我管理中的重要性。
5. 影响创新能力组织管理的因素有哪些?
6. 在创新能力管理过程中，政府应当履行怎样的职责?

第八章　专业技术人才创新能力的激发

【本章要点】专业技术人才创新能力的激发需要合理的、多层次的途径和手段，这不仅能够有助于专业技术人才保持持久的创新激情，也有助于组织的长远发展，更有助于营造和谐的创新氛围。这些激发的途径和手段也需要从政府、组织和个人等不同的角度来加以考量。发达国家已经为我们提供了诸多值得借鉴的理论和经验，四川省作为西部大省，也需要从中找出适合自身发展的部分。只有通过正确、合理的激励，专业技术人才才能在四川——这个注重创新发展的大省不断创新，打拼一番属于自己的事业。

"功以才成，业由才广"。专业技术人才构成了创新型人才的主要部分，可以说是建设创新型四川的核心要素。党的十七大报告明确指出："提高自主创新能力，建设创新型国家。这是国家发展战略的核心，是提高综合国力的关键……充分利用国际科技资源。进一步营造鼓励创新的环境，努力造就世界一流的科学家和科技领军人才，注重培养一线的创新型人才，使全社会创新智慧竞相迸发、各方面创新型人才大量涌现。"四川省要构建自主创新体系，提升区域创新能力，最关键和最紧要的就是建立一支创新能力高的专业技术人才队伍。谁拥有一流的创新型人才，谁就拥有一流的发展优势。

用好人才远比拥有人才更重要。无论自己开发培养还是引进人才，最终目的都在于发挥专业技术人才的创新能力。换句话说，创新能力建设只是手段，培养和引进都是为了"有"，而"有"的最终目的则在于"用"。只有对专业技术人才的创新潜力运用适当的激励手段，才能使之保持旺盛的创新动力，最大限度地发挥其创新

潜能。建立有效的激励机制，则有助于提高专业技术人才从事创新活动的积极性，形成敢于创新、追求创新的社会氛围，促使创新动力驱使下的专业技术人才脱颖而出。

第一节　对专业技术人才激励的必要性和重要性

激励，是一个非常重要的管理学术语，有激发和鼓励的意思。通常，激励是指那些用来激发人行为的心理过程，是管理活动中不可或缺的环节。美国管理学家贝雷尔森（Berelson）和斯坦尼尔（Steiner）给激励做出了如下定义：一切内心要争取的条件、希望、愿望、动力都构成了对人的激励——它是人类活动的一种内心状态。从心理学的角度来看，人的一切行动都是由某种动机引起的。选择做这件事还是那件事，对待一份工作选择高度敬业地做还是敷衍了事？究其背后的原因，可以说都是动机在起作用。动机是一种精神状态，它对人的行动起激发、推动、加强的作用。而激励，就是为了能够激发或者引导人的动机，使人的行为向着期望的方向进行。它通过正面激励和负面激励两种方式起作用，简单地说，就是当人们的行为朝着组织期望的方向努力时，就给予正面的激励；当人们的行为不符合组织期望时，就给予负面激励——惩罚。为了不引起混淆，本书中所谈到的激励，均是指正面的激励。

一、对专业技术人才激励的必要性

激励可以使已经显现的创新型专业技术人才保持旺盛的创新激情，也可以使潜在的人才尽快脱颖而出。四川省地处西部内陆，在人才争夺中往往遭遇“孔雀东南飞”的尴尬。专业技术人才，特别是高层次专业技术人才向发达省份流动的情况时有发生，而留在川内的专业技术人才又过分向成都聚集。此时，“激励”作为有效使用人力资源的重要手段越来越受到重视。四川省 21 个市（州）都尽一己之力出台了各种激励措施，充分发挥人才资源的效用。以自贡市“盐都人才工程”为例，自贡市将该项目作为统揽，探索建立

“产业项目+科研团队”的科技创新团队培养模式，培育四川长征机床集团公司“复合加工中心研究开发”团队等8支科研创新团队。这8支团队攻克了多项关键核心技术，获得省科技进步奖5项，申请专利44项，成果经转化产生经济效益上千万元，实现创新型人才培养和创新能力提升双丰收。这些实例都有力地证明了，拥有一大批极具创新能力的专业技术人才，是实现四川省经济社会发展，提升综合实力的重要途径。因此，要“引得来”“留得住”拔尖的创新型专业技术人才队伍，就必须建立激励创新的有效机制。

首先，专业技术人才的个性特征决定了对其激励的必要性。专业技术人才是人力资源中素质较高的群体，通常具有较高的文化水平，在一个或多个专业领域有自己独立的见解和认识，认识问题和分析问题的能力较强。通常，专业技术人才在组织中会表现出与一般人才不同的个性特征，“独立性、自主性和创造性，成就和自我实现动机较强，忠诚于自己的事业远大于自己的组织，对权威不盲从，学习意识强烈”都是属于他们的关键词，也是他们创新的源泉。如何让他们在工作中持续保持热情、奋进是激励不得不面对的课题。

其次，专业技术人才的工作特征决定了对其激励的必要性。专业技术人才从事的主要是以脑力劳动为主的智力型工作。这些智力型工作具有创新性和挑战性、工作过程难以监控、工作较难衡量，因此，通过简单的管理和控制是无法有效衡量他们工作绩效的。换句话说，专业技术人才的工作最大的特点在于结果难衡量、过程难控制。工作做得好与不好，工作节奏和工作进度基本上由自己或团队掌控。此种情况下，组织能做的就是采用适当、及时的激励措施最大可能地调动他们的积极性。

综上，专业技术人才作为创新型人才的重要组成部分，更需要适当、及时的激励。创新并非易事，需要付出巨大的努力，承受失败的压力，挑战无数个“不可能”。试想，如果没有强大的动力支撑，创新型人才是很难坚持下来并有所成就的。这也说明了为什么

在本书前面章节中强调创新型人才不仅要有丰富的知识储备，更需要有不断探索、勇攀高峰的创新精神。美国哈佛大学专家发现，在缺乏激励的环境中，员工的潜力只能发挥出20%～30%；但在良好的激励环境中，同样的员工却可以发挥其潜力的80%～90%。由此可见，人才要发挥其创新潜能，无疑不能缺乏有效的激励。同时，由于专业技术人才在个性和工作方面的特征，激励方式和内容都有别于其他人才。比如，职位上的升迁、更多的物质奖励相对于成就需求、自我肯定等手段效果就不那么理想了。因此，对他们的激励要适当。

二、对专业技术人才激励的重要性

鉴于专业技术人才的个性特征和工作特点，我们认为对专业技术人才进行激励十分必要。如此一来，合理的、多层次的激励途径和激励手段对激发创新能力的必要性也就不言而喻了。需要进一步明确的是，及时有效的激励不仅有助于专业技术人才保持持久的创新激情，也有助于组织的长远发展，更有助于营造和谐的创新氛围。

有效的激励有利于专业技术人才保持持久的创新激情。激励对专业技术人才的必要性在前面已经阐述过，在此就不再赘述。我们要说的是，有效激励专业技术人才的前提和条件，即一切激励手段和措施都来自于清楚了解被激励人需求的基础上。也就是说，有了激励的需求，我们才好对症下药。比如，对一位年轻专业技术人才来说，他此时正处于对住房、奖金、薪酬等物质方面需求最为强烈的时候，那么如果要激励他的工作热情和激情，精神方面的奖励效果肯定不会好。而对一位中年有一定经济基础的专业技术人才来说，精神方面的奖励，如职称的提升、交付更重要的工作、带领团队等不失更有效的激励手段。这一切，都可以根据马斯洛的需要层次理论进行很好的解释（注：马斯洛的需要层次理论指出每个人存在5种层次的需要，即生理需要、安全需要、社交需要、尊重需要、自我实现需要。当这些需要中的任何一个得到基本满足后，下一个需要就成为主导需要）。所以，保持持久的创新激情需要有效激励，而有效激励则需要清楚识别被激励人的需要。

有效的激励有助于组织的长远发展。在任何一个组织中，激励永远是吸引人才、留住人才的最有效手段。美国著名学者弗朗西斯（Francis）说过，“你可以买到一个人的时间，你可以雇一个人到固定的工作岗位，你可以买到按时或按日计算的技术操作，但你买不到热情，买不到创造性，买不到全身心的投入，你不得不设法争取这些。”现今社会，竞争的实质就是人才的机制。组织要想得到长远发展，必须通过激励聚集相当规模的人才资源；组织要想发展得好，必须通过激励吸引更多优质、富于创造力的人才。专业技术人才作为组织中最具创新性的群体，往往是决定组织竞争成败的关键因素，对组织目标的实现具有决定性作用。

有效的激励有助于形成和谐的创新环境。众所周知，工作环境对个体工作绩效的影响非常重要，它向人们传递一种“如何做”的信息，无形中影响人们的行为、态度。所以，我们也很能理解昔日“孟母三迁”的良苦用心。良好和谐的创新环境，应该是一种“形散而神不散”的环境。著名数学家陈省身在谈论他如何当美国数学所所长时说：“办这个研究所最要紧的就是把有能力的数学家找在一起，找来之后就不要管了，让他们自己搞去。”大量的事实证明，在新的想法未完全成熟和被证明有效之前，保持它的神秘性，不让批评者过早了解，这无疑有利于激发创新。基于此，“神不散”的不二法门就是有效的激励，确保专业技术人才对自己工作的无限动力后，允许他们自由选择创新领域，或者保持一定程度的自由选择。

三、对专业技术人才激励的不足之处

随着西部大开发的不断深入，建设创新型四川的任务越来越迫切，四川省在不断升级的人才争夺大战中，努力探索，出台了大量激励专业技术人才发挥创新能力的措施，不断加大对专业技术人才激励的力度，取得了较好的成效。然而，不可否认，四川省由于受

区位因素、经济社会发展程度等的影响，对专业技术人才的激励仍存在不足之处，需要尽快改进和优化。

对专业技术人才激励需求分析较为笼统。前面我们已经阐述了，只有在明确了专业技术人才激励需求的基础上，进行相应的激励才会有效，才会达到预期目的。目前来看，四川省出台的各种激励政策也的确是遵循此种思路进行的，只是面对全省200多万专业技术人才这个庞大的人群来说，所有的政策不能一刀切，要建立在对激励需求分类细化的基础上。虽然难度很大，但是非常有必要。换句话说，谁把工作做得更细、更全面，对专业技术人才的激励就越有效。专业技术人才的激励需求一方面表现出一定的共性，如特别需要得到尊重和自我价值的实现；另一方面，不同领域、不同行业、不同年龄层的专业技术人才的激励需求又存在丰富的差异性。比如，一名教师努力工作，希望得到外出进修的机会，结果给予的却是加薪；或者一名教师希望能承担更大的科研项目，结果只得到一纸奖状，等等。如果教师努力工作得到的报酬并非他们所想要的，肯定会影响到激励的有效性。如果管理者与教师之间缺乏深入沟通，对教师工作需要的多样性分析不足，就会导致激励方式缺乏灵活性和创新性，缺乏激发教师工作动机的兴奋点。

激励方式和手段丰富化程度需要进一步提高。激励的方式有多种，大体上可以分为物质激励和精神激励两种类型。但是谈到具体的激励手段、形式就非常多了。我们仅以薪酬激励为例，年薪制、底薪加提成制、股票、期权等手段各异，所产生的激励效果也不尽相同。目前来看，对专业技术人才的激励普遍重视物质激励，对精神激励重视不足。此处，我们仍以高校为例，主要是以提高课时和科研工作量的报酬标准来激励教师，如多上课、多做科研报酬就高。这种激励手段应该说在短期内可以充分调动教师的积极性，激励效果十分明显。但是，长期来看，作为典型专业技术人才的教师，从事有挑战性的工作、主动显示自己的工作能力、具有强大凝聚力和良好沟通的工作氛围等精神需求也应受到重视。同时，专业技术人才对再学习、再培训有着强烈的需求，而我们现在可以提供的培训方式和内容却十分有限。多数专业技术人才可能会因为工作安排的原因无法接受连续的学习培训。

激励政策和措施需要动态调整。我们知道，政策具有一定的历史性，它是在特定时间、特定背景下制定并出台的。因此，政策的效果具有时间性。同时，从激励效果的角度来看，对实施激励及时与否也是直接影响激励效果的重要因素。目前，对专业技术人才激励的政策和措施往往存在较严重的滞后，因此，也会对激励的效果大打折扣。

第二节　国外激发人才创新能力的主要做法

在世界五百强公司工作过的人往往会对外国同事对工作的激情、敬业和专注深感佩服，大家时常会质疑他们工作的动力怎么会那么持久和旺盛。国外的案例也经常让我们产生这样的疑问。以美国硅谷为例，硅谷的员工通常都在以持续创新为要求的高科技公司工作，他们也像上满了发条的机器一样，不知疲倦地工作着。不少人白天工作 12 小时后，晚上还要工作到深夜，他们每周工作 100 小时左右。让人们好奇的是，这样的工作强度并非像卓别林电影中的流水线工人那样受人所迫，而是员工们自发地工作。创新工作亦是如此，创新需要持续不断的动力来支撑，因此，我们有必要去梳理和借鉴国外激发人才创新能力的主要做法。

一、树立并贯彻先进的人才管理理念

当今各国都已经充分认识到了人，特别是人才在经济社会发展中的首位作用。在欧美国家，对人才的重视贯穿到了社会生活的方方面面，从行政当局到科研机构、公司团体，所有政策的制定，都将人才的因素放在第一位。欧美国家的社会与文化尊重人权、尊重劳动、尊重科学家的自由探索精神，也尊重科学家的科研成果。以人为本，不只是一个口号，而是各种具体的行动，真真实实地将以人为本作为对人才进行管理和使用的基本准则。以人为本，就是要

让人才能够切实感受到，在此国家或公司工作会比在其他国家或公司工作得到更好的工作条件、更高的报酬、更多的个人发展机会——施展个人才华的机会。

二、引导人才合理流动

在美国一个科研工作者从入行到他成为大学教授通常会经历数次职位升迁，这样的职位迁徙经历对研究或开发人员来说就是一个不断成长的过程。近年来，日本也在通过各种政策不断推进人才的向上流动。他们相信，人才是在不断流动中成长起来的，只有在流动中才能够找到适合于自己发展的位置。通常，发达国家人才流动分为国际流动和国内流动两个层面。无论是哪一种流动，在发达国家都是双向的，靠市场调节进行，因而这是一种良性循环。对英国、德国、法国这样的国家来说，一方面，它们的人才流向美国（双向流动的总结果为“流失”）；另一方面，它们又能从发展中国家吸引到更多的人才。这种人才流动的良性循环，成为激发人才创新能力的关键因素。

三、引入竞争机制　增强人才创新动力

发达国家将竞争机制运用到经济生活的方方面面。在对创新型人才的激励方面，同样引入了竞争机制。其目的就在于提高创新型人才的使用效率，激发创新型人才的创新意识和创新动力。欧盟致力于改革科研体制，以期建立富有效率和竞争的科技人才管理机制。欧盟各国教育水平普遍较高，拥有许多闻名于世的高等学府与研究机构。但是，受到社会福利保障制度等方面的制约，许多国家科研机构难以实行优胜劣汰的竞争机制，人浮于事、缺乏效率的现象并不鲜见。同时，这种体制也加大了研究费用的不合理开支与科研产品的研制成本。因此，要加快高新技术产业的发展，改革旧的科研体制势在必行。20 世纪 90 年代以来，欧盟各国纷纷出台了旨在消除或减轻这些弊端的科技新政策。德国政府公布了德国科研创新方针。意大利科技管理部门提出了关于意大利科研体制改革的大

纲。许多国家对科研项目实行比以往更加严格的管理，实行定期评估与考核。在引入了竞争机制后，情况得到改善，这也说明了存在竞争才能使专业技术人才富有创新活力。

四、科学使用高额科研奖励和期权、股权等激励手段

为了鼓励中青年科研人员创造发明，各国都设立了名目繁多的高额科研奖励制度。在美国，国家科学基金会设立了诸多类型的奖励，如总统青年科学家奖、工程创造奖、国家技术奖等。美国科学基金会规定，只有持美国“绿卡”或美国护照者，才有资格获得上述奖励。如果获奖者是外国人，美国政府通常会主动为其办理“绿卡”或入籍手续，劝说获奖者继续留美效力。据说，每年有14%～20%的获奖者是外籍青年科学家，他们大多被美国留用。由此来看，科研奖励机制不仅是激励科技人才创造性的一种机制，同时也是发达国家吸引人才的一种手段。在德国，洪保基金会利用联邦政府出售 UMTS 执照所获的资金，从 2004 年起每两年向35 岁以下的优秀科学家颁发一次索菲亚·科瓦列夫斯卡娅奖，获奖者在接下来的 4 年中可以自由支配 120 万欧元的奖金，用于独立研究。

截至目前，股票期权制度是激励人才创造性的最先进、最有效的机制。因为股份和期权是将人才与公司紧密结合起来的一条纽带。对高科技企业来说，科技人员持股具有很多益处，如分配股权或期权给科技人员，可以使其与高科技公司之间建立“利益趋同、风险共担”的关系；股权和期权还有利于增强企业的凝聚力，有利于留住人才，有利于调动员工的创新意识。英国剑桥著名的“硅沼”，就是模仿“硅谷”引入股票期权的激励制度后诞生的又一个神话。而在德国，雇主联合会的资料显示，全德国现有的3 000 家企业中约有 240 万员工是公司持股人，而向主要技术骨干给予股票期权已经成为德国高科技企业吸引和留住人才的重要手段。

五、人才使用与培训相结合

为适应不断变化的市场需求和经营环境，开展对科技人员的专

业技能及其他诸多方面的培训就十分必要。有研究结果表明，受过特殊培训的科技人员的离职率与解雇率都比较低。通过特殊技能和专业知识培训，可以有效弥补高新技术人员在知识结构等方面的缺陷；而必要的语言培训、商务技巧培训，可以让科技人员更好地完成科研以外的相关工作。让科技人员了解公司的制度、使命等方面的培训则可以提高科技人员的国际化意识，增强科技人员的团队精神。这种人才使用与培训相结合的方式无疑是吸引人才的又一重要途径。

第三节　拓宽对专业技术人才激励的途径和手段

建立有效的激励机制，有助于提高专业技术人才从事创新活动的积极性，营造敢于创新、追求创新的社会氛围，从而促使专业技术人才脱颖而出。

一、有效识别创新型专业技术人才的激励需求

研究创新型专业技术人才的激励需求，要结合其性格特点分析其需要。行为科学认为，人的行为是由其动机支配的，动机则由需要引起，激励就是对需要不断满足的过程。哈佛大学心理学家戴维·麦克莱兰提出了“成就需要理论”，认为有成就需要的人，具有希望有作为的愿望，希望成为最优者的愿望。而且他发现，这类人往往表现出以下的品质：一是他们喜欢能够发挥其独立解决问题的能力；二是他们愿意接受挑战，对成功有一种强烈的渴望，为自己树立具有一定难度的目标；三是希望有明确的、不间断的关于进展的反馈。如果他们能够从上级那里得到嘉奖、提升工资、晋升，就会感到莫大的成就感。创新型人才的行为遵守着行为科学揭示的一般规律，但是作为特殊群体，他们的需求又有自己独有的特点。

（一）以高层次为主导的需要

总体来说，创新型专业技术人才绝大多数受过良好教育，多从事脑力劳动。对他们来说，工作是一种证明自身实力，实现自我价

值和理想的手段。因此，创新型专业技术人才的主导需要集中在社交需要、尊重需要和自我实现需要上。较高的薪酬、福利待遇对他们来说属于保健因素，因为他们不担心找不到较高薪酬的工作，只有当薪酬待遇成为一种成就认可的指标和社会地位的象征时，他们才会比较在意。

（二）挑战性的需要

创新型专业技术人才的性格特点决定了他们不会甘于平庸。他们不喜欢跟在别人后面亦步亦趋，做事务性的、重复性的工作。他们乐于探索，做别人没有做过的事。工作的激情通常与其工作的挑战性成正比。他们对实现自我价值的认定是，能解决被人认为解决不了的难题，成为攻关团队中不可或缺的角色。

（三）宽松、自在的需要

创新型专业技术人才一般都具有很强的独立性，不愿意接受过多条条框框的束缚。强烈的自信常会使他们蔑视权威，轻视清规戒律。在创新活动中，他们希望有自主支配的空间与时间来做自己感兴趣的事情，以满足自身的好奇心。即便是在日常生活中，他们也希望有宽松、和谐的人际关系，不受世俗习惯的约束，能按照自己的意愿处世。

（四）公平竞争的需要

竞争能使创新型专业技术人才激发热情，活跃思维，增强危机感，培植进取心。竞争有助于他们始终保持良好的状态。在竞争中获胜能使创新型专业技术人才的成就感得到极大的满足。

二、对专业技术人才进行“三本”激励

所谓“三本”即人本、资本、知本。我们提倡，对专业技术人才的激励从“三本”的角度进行，形成对专业技术人才激励的基本体系。人本激励是建立在人的社会层面上的一系列激励方式的集合，是“以人为本”理念的具体体现；资本激励是建立在人的要素层面上的一系列激励方式的选择，是“人才资本”和“创新型人才是最活跃的生产要素”思想在激励机制中的具体体现；知本激励是

建立在人的资源层面上的一系列激励方式的选择，是以知识为本位，促进智力资源开发和增值的激励手段。

（一）人本激励

人本激励通常包含创业激励、情感激励、制度激励和岗位激励四种方式。创业激励主要表现为向专业技术人才提供创新项目和创新基金，并与专业技术人才共担创新风险，分享创新利润。情感激励是组织注重人情味和感情投入，给予专业技术人才家庭式的情感关怀。这种情感激励必须是建立在对专业技术人才尊重和信任的基础之上，这样的情感激励才有效果，才能为专业技术人才所接受。制度激励是通过与人才保障相关政策的制定和实施，确保专业技术人才拥有安全感和归属感，增加专业技术人才的向心力，激励专业技术人才不断创新和奋斗。岗位激励通过优化岗位配置机制，对专业技术人才产生良好的心理激励，增强其对工作的投入程度，从而很好地解决人才岗位合理配置和激发创新潜能等问题。

（二）资本激励

资本激励主要包括期权激励制度。知识作为价值创造的源泉，应该用正确的分配方式来加以解决。股权的分配不是按资分配，而是按知分配，它解决的是知识劳动的回报，这样就从制度上初步实现了知识向资本的转化。如 2012 年 5 月 16 日四川省科技厅颁布的《关于加强自主创新促进科技成果转化的意见》。在具体扶持政策中，这份文件首次围绕研发与转化、产业化与规模化、市场开拓，分阶段提出股权激励、生产要素重点配置、建立绩效考核制度等多项创新政策，构建起完整的创新转化“政策链”。应该说，这样的做法，实实在在地有利于持续不断地激发科技创新型人才的创新动力。

（三）知本激励

知本激励是从进修、培训以及职业发展的角度进行激励。这种激励方式的突出特点是企业通过对专业技术人才提供深造的机会和条件，更新专业技术人才知识体系，激发专业技术人才的创造力。其基本做法是企业高层与专业技术人才商讨个人职业生涯设计，然后企业提供一定条件，如对专业技术人才的创新项目给予资助等，通过创新成功，促进其职业生涯发展计划的实现以及增强企业的核心竞争力。

三、激励创新型专业技术人才的具体实践

（一）政府激励

让我们看一组四川省人才政策数据：

2003年，四川省在第一次人才工作会议召开之前，原国家人事部部长时任四川省委书记的张学忠同志在国内提出了人才资源向人才资本转变，出台了1个主体文件24个配套文件，在创新型人才使用、创新能力管理等方面提出了一系列的人才政策。出台与创新型人才密切相关的文件有：《关于加强专利保护，进一步加快人才资源向人才资本转变的意见》《关于鼓励发展成都市工程技术研究中心的意见》《关于促进我市科技中介机构的发展意见》等政策。2010年第二次全国人才工作会议之后，四川省继续开拓创新，锐意进取。按照中组部、人力资源和社会保障部的要求，编制了《四川省中长期人才发展规划》和《四川省专业技术人才队伍建设中长期规划》，并出台了《加快西部人才高地建设的意见》这一主体文件和《专业技术人才智力转化》等7项配套政策。此外，四川省从“十五”期间在国内就率先编制了人才队伍建设规划，规划紧紧围绕产业结构调整人才布局；“十一五”期间颁布实施了“十一五”人才规划，建立了省、市、县的人才规划体系。2009年启动了四川省中长期人才队伍发展规划，不仅完善了从上到下的人才规划体系，还对人才规划进行了细分。例如，先后出台了专业技术人才中长期发展规划和技能人才中长期发展规划等，形成纵横结合的规划体系，有力促进规划的贯彻落实，大大丰富了人才政策内容，提高了政策有效性。

政府激励主要体现在政策、制度上。从政策激励的角度看，首先要深化收入分配制度改革，建立以业绩为导向的人才激励机制；其次要完善并实施知识性财产保护政策，要切实保护创新型专业技

术人才的知识产权。

从制度激励的角度看，一是要建立产权激励制度，探索知识、技术、管理等生产要素按贡献参与分配的办法；二是要健全企业人才激励机制，推行期权、股权等中长期激励办法；三是要探索年薪制、协议工资制和项目工资制等多种分配方式；四是要完善优秀人才奖励制度，构建多元主体奖励体系；五是要支持用人单位为有突出贡献的专业技术人才办理补充医疗保险和补充养老保险；六是要完善劳动人事争议仲裁制度，依法保障专业技术人才的合法权益。

（二）组织激励

让我们来看两个相关的案例：

高校是专业技术人才的聚集高地。西南财经大学为破解教师队伍发展难题，促进人力资源高效配置，进一步提升核心竞争力，造就一支师德高尚、业务精湛、结构合理、充满活力的高素质专业化教师队伍，自 2005 年底以来，采取一系列举措，深入推进“引、用、留、走”一体化人才机制改革。其中，“引得进”就是充分运用现代人才激励理念和方法，实施高薪合同、聘期考核、人事代理以及长期教职为核心的制度体系，从而确保人才的引进。“用得好”就是学校瞄准学科前沿，以国家重大战略需求和区域行业发展为导向，推进学科特区建设，务必做到人尽其才。“留得住”就是学校通过实施重大人才培养工程，加强教学名师、优秀教学团队建设和青年教师培养。“走得掉”就是加强人才流动机制建设，着力完善顺畅的退出体系，在保证师资人才总体稳定的条件下，实施制度性退出策略。正是在这样一体化的人才机制改革的推动下，人才队伍建设呈现出科学发展新局面。

企业是创新的主体。四川九洲电器集团有限责任公司，是军民融合发展的大型高科技企业集团，是国家从事二次雷达系统及设备科研、生产的大型骨干企业。该公司为吸引创新型专业技术人才，制定了一系列激励措施。首先，建立以岗位技能工资制度为主体，协议工资制度等多种薪资制度为补充的薪资制度体系。引入风险机制和竞争机制，建立科研项目重奖制度、预研项目奖励制度，设立技术带头人专项科技奖金，每年拿出数百万元乃至上千万元，对完成重大科研管理创新项目的主要承担者在表彰会上实施重奖。其次，针对科研技术人员、经营管理人员、操作技术工人开展一系列以提高岗位技能、更新专业知识、扩展创新能力以及转变观念意识为主要内容的培训学习活动。再次，打破身份、地域等界限，面向国际招收人才，运用市场吸纳贤才；对公司急需的高层次人才和成熟型人才，采取兼职、定期服务、技术开发、项目引进、技术入股、科技咨询或就某一科研项目实行特殊的人才使用政策，变“人才流动”为“知识流动”，实现人才资源共享。

这组案例说明，组织激励需要依靠组织自身的特点，根据组织的实际情况提出能够吸引专业技术人才的激励内容，或者是建立长效的激励机制。概括地说，组织激励可以从物质激励和精神激励等方面着手进行。

建立富有竞争性的薪酬政策。创新型专业技术人才期望根据业绩获取报酬，组织应制定一套科学、合理的绩效考核与评估机制，把他们的薪酬与其绩效挂钩，提供具有竞争力的薪酬水平。除货币激励机制外，可采用树立榜样、带薪休假、资助参加会议等形式多样的精神激励机制，充分调动专业技术人才的积极性。有条件的组织应考虑建立股票期权制度，让专业技术人才以股票期权的形式参与公司长期价值的创造。提供有效的精神奖励，主要包括情感奖励与荣誉奖励。通过情感奖励形成良好的人际关系，为专业技术人才发挥才智营造一种相互信任、相互关心、相互体谅、相互支持、互敬互爱、团结融洽的氛围。通过荣誉奖励，比如提高专业技术人才的社会地位和政治地位、授予荣誉称号等，鼓励专业技术人才干事创业。

提供富有挑战性的工作。组织应设立富有挑战性的愿景，并给创新型专业技术人才提供不断挑战自我的工作目标，从而产生持续的激励。组织的目标不能设得太低，专业技术人才会为此情绪低迷；但是组织的目标也不能设得太高，否则会给专业技术人才带来严重的焦虑感。提供富有挑战性的工作，能够使专业技术人才产生

更高的工作投入度，也对组织更加忠诚，这对组织业绩的提升会产生良性的互动效应。

营造一种自由创新的氛围。氛围营造的关键就是要建立一种创新型组织文化。要勇于创新，敢为人先；要宽容失败，鼓励失败；既要强调竞争，又要强调合作。通过建立这样一种创新型组织文化，营造一种自由创新的氛围，允许他们自由选择创新领域，或者保持一定程度的自由选择权，能够显著提高工作本身所带来的快乐，从而最终实现对专业技术人才持续长久的激励。

（三）自我激励

自我激励的方法是多方面的：我们列举几个常用的方法，如专业技术人才可离开舒适的环境，不断寻求挑战，保持创新创业激情；始终保持积极心态，找出自身的情绪高涨期用来不断激励自己；调高视线，放远目标；加强紧迫感，选择支持自己目标的朋友交往，所交往的人会改变自己的生活。结交那些希望创新创业的人，自己就在创新道路上迈出了最重要的一步。创新充满风险，成功率低，专业技术人才必须战胜恐惧，具备自信心态，对创新持有正面态度；不在困难面前低头，如果把困难看作对自己的诅咒，就很难在生活中找到动力。如果学会了把握困难带来的机遇，自然会动力猛增；跟随工作频率，做好调整计划。创新的道路绝非平坦，总是呈现出一条波浪线，有起也有落，事先看看自己的时间表，框出自己放松、调整、恢复元气的时间。即使自己现在感觉不错，也要做好调整计划，这才是明智之举。

专业技术人才要敢于竞争，快乐竞争。竞争给了我们宝贵的经验，无论自己多么出色，总会人外有人，所以需要学会谦虚。努力胜过别人，能使自己更深刻地认识自己；努力胜过别人，便在生活中加入了竞争“游戏”。不管在哪里，都要参与竞争，而且总要满怀快乐的情绪，要明白最终超越别人远没有超越自己更重要；应经常自省，塑造自我。大多数人总是通过别人对自己的印象和看法判断自己，尤其是正面反馈。但是，仅凭别人的一面之词，把自己的个人形象建立在别人评价的基础上，就会面临严重束缚自己的危险。因此，把这些溢美之词当作自己生活中的点缀，明白人生的棋局该由自己来摆，不能总是从别人身上找寻自己，经常自省并塑造自我，并学会在危机中求生存。当然，我们不必坐等危机或悲剧的到来，从内心挑战自我是我们生命力量的源泉。圣女贞德（Joan of Arc）曾说过，所有战斗的胜负首先在自我的心里见分晓。精工细笔，创造自我，如绘巨幅画一样。如果把自己当作一幅正在描绘中的杰作，你就会乐于从细微处做出改变。

【思考与探索】

1. 为什么说激励有利于更好地激发人才的创新潜能？
2. 国外激励人才创新的做法有什么特点？
3. 如何识别专业技术人才的激励需求？
4. 激励具有创新能力的专业技术人才有哪些途径和方法？

参考文献

［1］张海辉．现代化视域下的当代中国职业道德研究［D］．华东师范大学，2010．

［2］洪晓楠，林丹．全球风险社会及其策略回应——乌尔里希·贝克的风险社会理论评介［J］．学术交流，2007（4）：5－9．

［3］［英］安德鲁·韦伯斯特．发展社会学［M］．陈一筠，译．北京：华夏出版社，1987．

［4］靳永慧，甄亚丽，张艳霞．专业技术人员职业道德与创新能力教程［M］．北京：中国人事出版社，2008．

［5］黄造基，刘青，吕革新，等．深圳百家企业职业道德培训启示［J］．特区理论与实践，2000（6）：45－47．

［6］［美］斯蒂文·小约翰．传播理论［M］．陈德民，叶晓辉，译，北京：中国社会科学出版社，1999．

［7］杨永林．自律是职业道德建设的关键［J］．中共山西省委党校学报，2006（2）：46－47．

［8］劳动和社会保障部、中国就业培训技术指导中心．职业道德［M］．北京：蓝天出版社，2001．

［9］葛作然．当前我国新闻职业道德失范现象研究［D］．河北师范大学，2007．

［10］刘蓓．我国公共关系职业道德建设探析［D］．华东师范大学，2010．

［11］黄巧玲．略论职业道德缺失的原因及对策［J］．江西社会科学，2000（12）：223－225．

［12］莫小英．论科技人才的道德修养［D］．昆明理工大学，2007．

［13］王启亮，李六杏．金融专业人才职业道德培育探析［J］．黑龙江教育：高教研究与评估，2011（1）：61－63．

［14］邱德亮．论社会角色责任与角色道德建设［D］．东北师范大学，2007．

［15］［美］约瑟夫·熊彼特．经济发展理论［M］．北京：商务印书馆，1990．

[16] Schumpeter J A. Comments on a plan for the study of Entrepreneurship [M]. Cambridge，MA：Widener Library，1947.

[17] [美] 彼得·德鲁克. 创新和企业家精神 [M]. 北京：企业管理出版社，1989.

[18] 傅家籍. 技术创新学 [M]. 北京：清华大学出版社，1998.

[19] 施建生. 伟大的经济学家熊彼特 [M]. 北京：中信出版社，2006.

[20] [美] 弗里曼. 技术政策与经济绩效——日本国家创新系统的经验 [M]. 中南大学出版社，2008.

[21] [美] 尹成湖. 创新的理论认识及实践 [M]. 北京：化学工业出版社，2005.

[22] 徐则荣. 创新理论大师熊彼特经济思想研究 [M]. 北京：首都经济贸易大学出版社，2006.

[23] 曾国屏，李正风. 国家创新体系：技术创新、知识创新和制度创新的互动 [J]. 自然辩证法研究. 1998 (11)：18－22.

[24] 江泽民文选 [M]. 北京：人民出版社，1996.

[25] 第六届“四川杰出创新人才奖”评选. http://www. scdaily. cn.

[26] 中华人民共和国人力资源和社会保障部. 创新能力建设——专业技术人员创新案例 [M]. 北京：中国人事出版社，2009.

[27] 四川省人力资源和社会保障厅. 四川省专业技术人才中长期规划 [R]. 2011.

[28] 王黎辉，葛仁福. 浅谈创新性学习与创新性人才培养 [J]. 淮海工学院学报：人文社会科学版，2006 (2)：80－82.

[29] 刘泽双，薛惠锋. 创新人才概念内涵述评 [J]. 人力资源开发，2005 (4)：8－9.

[30] 卢宏明. 试论创新人才的素质特征 [J]. 科技进步与对策，2000 (10)：106－107.

[31] 付增光. 试论创新型人才的基本特征及其培养 [J]. 陕西师范大学学报：哲学社会科学版，2005 (1)：165－168.

[32] 张敏. 创新型人才培养环境的实践设计 [J]. 经济与管理研究，2007 (7)：67－70.

[33] 钟德康. 创新型人才的特征与培养开发 [J]. 西南石油大学学报：社会科学版，2009 (3)：76－78.

[34] 邓泽功. 创造能力开发 [M]. 成都：四川人民出版社，2003.

[35] 殷启正，徐本正，解恩泽．科学研究中的探索性思维［M］．济南：山东教育出版社，1992.

[36] 乌云其其格．发达国家高科技人才培养、使用与引进政策述要［J］．中国科技论坛，2007（10）：122－127.

[37] 和学新，张利钧．关于创新及创新人才标准的探讨［J］．上海教育科研，2007（11）：12－14.

[38] 郝旭．创新能力建设专业技术人员创新案例［M］．北京：国家行政学院出版社，2010.

[39] 徐庆瑞．研究、发展与技术创新管理［M］．北京：高等教育出版社，2000.

[40] 张秀芳．用情商“管人”［J］．人力资源管理，2008（3）：76－77.

[41] 胡玮玮．组织文化与知识管理战略关系研究［J］．财经论丛，2008（5）：90－95.

[42] 陈莹莹，黄昱方．发达国家吸引高端科技人才的政策［J］．中国人才，2009（3）：74－75.

[43] 刘波，李萌，李晓轩．30 年来我国科技人才政策回顾［J］．中国科技论坛，2008（11）：3－7.

[44] 科技部．关于我国高层次创新型科技人才培养、引进、使用的政策分析研究报告［R］．2008.

[45] 国务院．国家中长期科学和技术发展规划纲要（2006—2020）［R］．2005.

[46] 胡锦涛．高举中国特色社会主义伟大旗帜，为夺取全面建设小康社会新胜利而奋斗（在中国共产党第十七次全国代表大会上的报告）［R］．2007.

[47] 肖晋，马弘，马建明．论自主创新型科技人才的激励方法［J］．经济丛刊，2008，（2）：34－37.

[48] 许静．创新型人才激励模式构建研究［J］．现代商贸工业，2010（15）：39－41.

[49] 黄军英．韩国提高国家创新能力的举措［J］．科技与经济，2004（6）：26－30.

[50] 张孟军．美国科技创新政策——国外科技创新政策［N］．科技日报，2005－11－28.

[51] 何乾．英国科技创新政策——国外科技创新政策［N］．科技日报，2005－11－30.

附　录

附录 1

川组发〔2011〕11 号

关于印发《四川省专业技术人才队伍建设中长期规划（2011—2020）》的通知

各市（州）党委组织部、政府人力资源和社会保障局，省直有关部门干部（人事）处，各有关单位：

《四川省专业技术人才队伍建设中长期规划（2011—2020）》已经省人才工作领导小组审议通过，并报省委、省政府领导同志同意，现印发给你们，请结合实际认真贯彻执行。

中共四川省委组织部

四川省人力资源和社会保障厅

2011 年 12 月 30 日

四川省专业技术人才队伍建设中长期规划

（2011—2020）

人才资源是第一资源，是国家发展的战略资源。专业技术人才是人才队伍的重要组成部分，是推动科技创新的中坚力量，在经济社会发展中起着基础性、战略性和决定性作用。为深入实施人才强省战略，根据国家《专业技术人才队伍建设中长期规划（2010—2020）》和《四川省中长期人才发展规划纲要（2010—2020）》的部署，结合我省专业技术人才队伍建设现状和经济社会发展需求，制定本规划。

一、规划背景

（一）发展基础和条件

一是队伍建设取得明显成效。规模稳步增长。截至 2010 年底，全省专业技术人才总数达到 239.1 万人，占从业人员的 5.0%，居全国第九、西部第一。素质逐步提高。具有大学本科以上学历的达到 64.8 万人，占总量的 27.1%；高级专业技术职称 14.6 万人，其中，正高职称为 0.48 万人；有两院院士 58 人次，享受政府特殊津贴人员、省学术和技术带头人等各类部省级专家 9 000 余人。结构不断优化。45 岁以下专业技术人才占总量的 75%，队伍日趋年轻。非公有制专业技术人才总量稳步增加，约占总量的 38.2%。支柱产业和新兴产业人才队伍稳步扩大，企业科技人才数量不断增长；民族地区、革命老区、边远贫困地区专业技术人才队伍建设取得明显成效；专业技术人才对科技进步和经济社会发展的贡献显著增加，在重大科研项目攻关、重点工程建设、高新技术产业化、解决重大民生问题等方面发挥了重要作用。二是人才开发投入力度不断加大。近年来我省经济保持高位增长，各级财政用于专业技术人才队伍建设的专项经费逐年增加。企业、中介机构以及其他组织在专业技术人才开发上的投入能力明显增强，专业技术人才的生活、工作条件不断改善。三是事业发展平台不断拓展。门类齐全、重点突出、层次分明的产业体系和发展空间巨大的社会事业为各类专业技术人才提供了广阔的创新创业平台。以成都高新技术产业开发区、成都经济技术开发区、绵阳科技城等园区为重点，形成了高层次专业技术人才汇聚高地；以国家重点实验室、工程技术中心、企业技术中心、博士后科研工作站（流动站）及重大建设项目为载体，形成了高层次人才汇集中心；以提高全省公共服务水平为抓手，形成了社会领域专业技术人才施展才华的广阔舞台。四是服务水平和管理能力不断提升。以人为本的服务理念逐步确立，主动、优质、高效的服务意识不断强化；制度保障有所增强，人才服务机构发展迅速；现代信息技术广泛运用，人事代理、信息发布等服务领域不断拓宽。

我省专业技术人才队伍建设取得了明显成效，但与国内外发达地区相比仍有差距，与科学发展、经济发展方式转变、社会事业协调发展的要求仍有诸多不适应。主要表现在：一是人才结构不合理，高端人才缺乏，重大产业、重要领域、重点企业的高层次、创新型人才比例偏低；二是人才分布不均，中央在川单位强、军工企业强，地方弱、中小企业弱；三是人才开发市场化程度不高，人才有效发挥作用不够；四是创新创造环境仍待优化改善。专业技术人才的竞争机制和成长发展的环境还需要进一步改善。

（二）面临形势

任务更加繁重。伴随着国家加快转变经济发展方式、启动新一轮西部大开发战略，成渝经济区发展进入国家战略，产业发展进入更高水平，以及国家和省一系列创新性政策的出台，为我省专业技术人才创新创业提供了广阔的发展空间，专业技术工作面临更加艰巨的任务与挑战。

需求更加旺盛。我省加快西部经济发展高地和全面小康社会建设，大力推进新型工业化新型城镇化，启动“天府新区”建设，加快建设“一枢纽、三中心、四基地”，以及产业结构优化升级步伐加快，社会建设、生态建设不断加强，民族地区、革命老区和边远

贫困地区加快发展，决定了我省未来一个时期对专业技术人才的需求将越来越大。

竞争日趋激烈。国际人才竞争格局更趋激烈，发达国家和地区对我国专业技术人才争夺态势严峻，对我省专业技术人才特别是高端人才队伍建设构成了严重冲击；国内各区域间人才竞争格局日趋激烈，发达地区在人才竞争中的比较优势更加突出，维护我省专业技术人才队伍稳定的任务仍然十分艰巨。

二、指导思想、基本原则和主要目标

（一）指导思想

以邓小平理论和“三个代表”重要思想为指导，深入贯彻落实科学发展观，着力服务发展、坚持人才优先、注重以用为本、突出高端引领，深入实施人才强省战略，以经济社会发展需求为依据，以高层次人才队伍建设为龙头，以提高创新能力为核心，以创新体制机制为动力，促进专业技术人才队伍健康发展，加快建设西部人才高地，为建设西部经济发展高地和全面小康社会提供有力的专业技术人才支撑。

（二）基本原则

服务发展与自我完善相结合的原则。把服务经济社会发展、支撑西部经济高地建设作为根本出发点和落脚点，坚持以用为本，充分发挥专业技术人才作用，不断提高专业技术人才对经济社会发展的贡献率。以提高专业水平和创新能力为核心，强化专业技术人才队伍自身发展，拓展职业发展空间，实现人才自身发展与经济社会发展协调并进。

市场配置和政府调控相结合的原则。遵循市场经济规律和人才成长规律，充分发挥市场在专业技术人才配置中的基础性作用，推动人才与用人主体双向选择，实现人才价值与业绩贡献相符。加强对专业技术人才队伍建设的宏观调控，明确发展目标，坚持分类指导，搞好统筹规划，重点在政策体系完善、管理制度创新、服务体系构建、社会环境培育等方面实现突破。

高端引领和整体推进相结合的原则。始终把高层次专业技术人才作为队伍建设的战略重点，培养造就一批学术造诣深、敬业精神强、创新能力突出的高层次领军人才；对急需、紧缺专业技术人才建设实行重点倾斜，强化“塔尖”产业领域人才的统筹规划和分类指导。更加重视欠发达地区、落后地区和中小企业专业技术人才队伍建设，统筹不同层次、区域、城乡、行业、所有制的专业技术人才队伍建设，形成与产业、区域发展相匹配的人才队伍均衡发展格局。

国外引进和自主培养相结合的原则。立足自身需求，坚持以高端、紧缺为取向，重点引进和培养能够突破关键技术、发展高新产业、带动新兴学科的国外科学家、国际著名专家和科技领军人才，以此带动和培养一批国内高层次人才。

激活存量和扩大增量相结合的原则。深化人事制度改革，强化人才和智力融通，进一步打破人才部门所有、区域分割，盘活存量人才，释放人才潜能，提高人才效益。围绕未来十年经济社会发展的巨大需求，发挥大城市的集聚优势，继续做大做强人才队伍规模。

满足现实和适度超前相结合的原则。以现实需求为导向，围绕战略性新兴产业发展，促进专业技术人才队伍建设与经济社会发展相协调。对急需、特殊、关键领域的专业技术人才，做到超前预测、超前规划、超前投入、超前储备，特事特办，使人才队伍建设适度超前于经济社会发展。

（三）主要目标

从现在起到2020年，我省专业技术人才队伍建设总体目标是规模稳步扩大、素质全面提升、结构明显优化、发展环境显著改善。

1. 第一阶段（2011—2015）：经济社会发展紧缺急需的专业技术人才供需矛盾初步得到解决

专业技术人才总量达到299万人，每万名劳动力中研发(R&D)人员为30人年。高、中、初级专业技术人才比例为

10∶38∶52。高等院校、研究机构、重点企业形成一批在优势领域具有全国领先水平的创新人才团队。培养造就一支活跃在科技前沿、跻身全国一流的专家队伍。

专业技术人才流动的体制性、政策性障碍基本得到解决，评价、使用、激励保障制度趋于完善，人才公共服务体系逐步建立，人才成长环境得到明显改善。力争科技进步贡献率达到50%以上，年度专利授权量达到 2.53 万件，国际科学论文被引用数达到 4.5 万次。科技领军人才在更多领域具备冲击重大科技难题的能力。

2. 第二阶段（2016—2020）：专业技术人才队伍建设与经济、科技、社会基本实现协调发展

专业技术人才总量达到 367 万人，每万名劳动力中研发（R&D）人员为 43 人年。高、中、初级专业技术人才比例为10∶40∶50。涌现一批在优势领域具有全国领先水平的科学家和研究团队。创新人才团队由重点院校和国有科研机构向具有竞争力的企业集团和社会组织扩展。

社会化、科学化、法制化的专业技术人才管理体制基本建成，市场机制调节与政府宏观调控相结合的专业技术人才开发机制基本健全，与社会主义市场经济体制相适应的专业技术人才工作制度体系基本完善，具备与经济社会发展要求同步更新的适应能力。促进专业技术人才成长发展的良好环境基本形成。力争科技进步贡献率达到 55%以上，发明专利年度授权量达到 4.45 万件，国际科学论文被引用数达到 10 万次。建成若干极具竞争力的国内一流企业研究开发机构、科研院所和大学，企业创新人才团队成为推动科技进步的主要力量。形成比较完善的区域和产业、企业创新体系，自主创新能力显著增强，取得一批具有重大影响的创新成果，培养并出现一批在国际国内科技尖端领域发挥主导作用、引领发展方向的科学家。

三、主要任务

（一）建设重点队伍

1. 高层次专业技术人才队伍建设

以“天府英才”工程为统揽，完善高层次专业技术人才培养计划。改进完善高层次专业技术人才的选拔标准、评价办法，强化考核激励，实行动态管理。通过促进各类高层次专业技术人才选拔制度的有机结合，逐步构建起层次分明、上下衔接、结构合理、梯次递进的高层次专业技术人才培养选拔制度体系。依托我省重大科研、重大产业、重点工程项目，培养造就一批从事基础性研究的拔尖人才、杰出工程技术专家、人文社会科学专家等领军人才，努力为构建西部高端人才汇聚中心提供支撑。

2. 重点优势产业专业技术人才队伍建设

根据全省产业发展规划，在战略性新兴产业、军民结合产业、特色优势产业、现代服务业和现代农业领域分别实施人才队伍建设专项，发展壮大新能源装备制造、新一代信息技术、新材料、生物医药、油气化工、航空航天等战略性“塔尖”产业领域人才队伍，带动重点优势产业人才队伍建设，扩大重点优势产业人才规模，加快行业人才结构和人才布局调整，围绕产业链构筑人才链，在各大产业及其主要分布区域构筑“产业人才大集群、区域人才小高地”，以人才发展支撑和引领产业发展，加快推进我省新型工业化和新型城镇化。

3. 社会事业专业技术人才队伍建设

根据全省社会事业发展的总体部署，以保障和改善民生为根本，加强社会事业管理创新领域专业技术人才队伍建设。以急需紧缺专业技术人才为重点，实施教育、医疗卫生、文化艺术、体育、哲学社会科学、社会工作等人才开发专项，推动社会事业与经济建设协调发展。围绕促进城乡基本公共服务均等化，加强农村地区、民族地区、革命老区、边远贫困地区的社会事业专业技术人才队伍建设，推动社会事业领域专业技术人才均衡发展。

（二）实施重大工程

1. 领军人才培养工程

依托国家和我省重大人才培养计划、重大科研和重大工程项目，造就一批战略科学家、从事基础性公益性研究的拔尖人才、杰出工程技术专家、科研管理专家、宣传思想文化高级专家等领军人才。加强“塔尖”人才培养及梯队建设，每年遴选培育5名左右临近院士门槛的领军人才，每两年遴选培育5名百千万人才工程国家级人选、70名享受政府特殊津贴人员、200名省学术和技术带头人、200名省有突出贡献优秀专家、400名省学术和技术带头人后备人选等，构建层次分明、上下衔接、结构合理、梯次递进的省级领军人才培养体系。完善领军人才选拔、评价、激励和动态管理制度。

2. 知识更新工程

实施专业技术人员知识更新工程，完善专业技术人才继续教育体系。依托高校、科研院所和大型企业，建设一批国家级、省级继续教育基地，逐步提高专业技术人才继续教育普及率。对高层次专业技术人才、留学回国人员中的青年骨干和博士后研究人员实施专项培训，每年举办100期专业技术人才高级研修班，培训1万名左右中高层次急需紧缺专业技术人才。进一步完善国（境）外研修制度和学术休假制度，加大从事前沿技术、基础研究的专业技术人才到国（境）外进行学术考察和交流力度。

3. 智力转化工程

对专业技术人才智力转化实行激励性政策，进一步推动产学研结合，加快建设产学研创新联盟，促进高校和科研院所的智力转化。搭建人才智力转化的公共服务平台，突出智力转化业绩在专业技术人才评价中的地位，支持专业技术人才柔性流动。完善军工企业和中央在川企业专业技术人才与我省经济社会发展的有效联动机制，每年组织引导一批军工企业和中央在川企业专业技术人才到地方服务。依托军民结合产业项目及产业聚集区建设，通过项目合作等方式，整合军工企业、中央在川企业和地方企业及科研院所的优

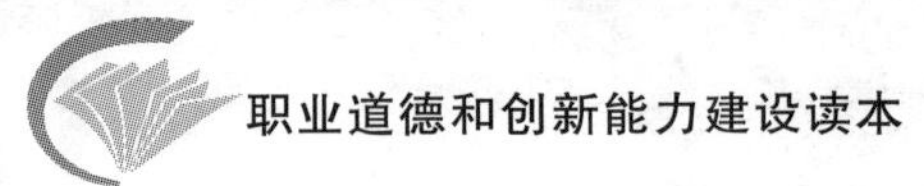

秀专业技术人才资源，集聚急需人才，构建军民融合式发展体系。

4. 科技创新研究团队专项工程

在高新技术、重点优势和支柱企业以及社会事业的重点领域，围绕核心技术和关键问题，组织开展技术创新、新产品研发和科技成果转化等重大攻关项目。按照学科交叉、能力互补、以中青年人才为主体的团队建设要求，组织实施“省科技创新研究团队专项计划”，并加大对该计划的支持力度，加快打造一批高水平科技创新研究团队。到2020年，培育100个高水平创新团队，造就10个在全国乃至全球具备较高学术造诣和较强自主创新能力的团队带头人。

5. 青年拔尖人才培养工程

以前沿技术研究和基础研究为重点，以“省学术技术带头人资助计划”“省青年科技基金”等为载体，实施青年拔尖人才培养工程。提高青年拔尖人才在省学术和技术带头人、省有突出贡献的优秀专家、享受政府特殊津贴人员等专家团队中的比例。每两年资助100名左右青年拔尖人才开展创新性研究和开发活动、参加国内外考察交流活动、开展能力提升专项培训。进一步完善青年拔尖人才动态管理机制。

6. 高端人才引进工程

以海外高层次人才引进“百人计划”“留学人员回国创业启动计划”“海外赤子为国服务行动”和“高端外国专家项目资助计划”为抓手，全方位推进全省海外高层次专业技术人才引进工作。以重点项目、重点学科和重点实验室、优势企业为依托，提高引进国内外高层次专业技术人才的规模和质量，着力引进一批能够跟踪国际科技前沿、带动新兴学科、领衔重大项目的科技创新领军人才，一批能够突破核心关键技术、发展高新技术产业的研发人才，一批拥有自主知识产权或核心关键技术、具有自主创业能力的专业技术人才。到2020年，累计引进400名左右海外、1 000名左右国内高层次人才，建设10个国家级和50个省级海外高层次人才创新创业基地。进一步创新引才机制，完善服务体系，拓展信息平台，建设创

业园区，为引进人才创新创业提供全方位服务。

7. 专家下基层行动工程

制定专家下基层的选派范围、渠道、方式、待遇、评价、保障和激励等政策措施，充分调动各方积极性、主动性和创造性，完善专家下基层行动的协调联动机制。动员和组织专家到县乡农村、城镇社区、中小企业等基层一线，转化科技成果，推广实用技术，解决技术难题，普及科技知识，培养基层人才，提供公共服务，完善社会管理。探索建立专家及所在单位与基层接收单位的利益共同体，建立人才向下流动的帮扶激励机制，促进深度融合。以需求和绩效为导向，构建科学合理的基层人才发展阶梯，提供在本职岗位发展进步的职业台阶，完善职业发展通道。进一步完善选聘高校毕业生到村任职、科技特派员、“三支一扶”等制度，确保专业技术人才下得去、干得好、留得住、有发展。每年组织、鼓励、引导1 000名左右专业技术人才到基层开展智力支持和帮扶服务。到2020 年，力争 50%以上的县有科技副县长，60%以上的乡镇有科技副乡长或科技特派员、专家大院、专家服务基地。科研机构、高等学校以技术顾问、星期天工程师等形式在基层进行智力服务的专家数，常年不低于单位专家数的 5%。

8. 紧缺人才援助工程

鼓励支持民族地区、革命老区、边远贫困地区探索建立人才优先发展试验区，以人才优先发展推动经济社会跨越发展。对专业技术人才培养培训、投资创业、成果转化、项目设立、职务晋升、表彰奖励、收益分配等方面给予政策倾斜，解决人才培养难、引进难、留住难的问题。加大专业技术人才对口帮扶力度，稳步扩大教育、卫生、农业、科研、规划建设、经济管理等专业技术人才和双语人才到民族地区、革命老区、边远贫困地区对口帮扶数量，提高帮扶工作质量。每年组织 1 期或 2 期专家服务团赴民族地区、革命老区、边远贫困地区开展智力援助，每年重点扶持培养 300 名民族地区、革命老区、边远贫困地区急需、紧缺的专业技术人才。

9. 非公组织人才扶持工程

确立非公有制经济组织和新社会组织在专业技术人才培养、引进、评价、使用、待遇、保障和继续教育等方面与国有单位的平等地位，引导专业技术人才到非公有制经济组织和新社会组织中创新创业，支持高校毕业生到非公有制经济组织和新社会组织中就业。突破人才流动中的所有制、部门、地区等障碍，不断完善体制内外专业技术人才各项政策。

10. “银发”人才工程

挖掘离退休专业技术人才的潜力。按照政策引导支持、市场主导配置、个人自愿量力的原则，通过返聘、兼职、顾问、“老科协”等形式，为“银发”专业技术人才提供干事创业的平台。

四、制度保障

（一）创新选拔培养制度

建立以岗位职责为基础，以品德、能力、业绩和贡献为导向，科学化、社会化的专业技术人才选拔标准，坚持不唯学历、不唯职称、不唯资历、不唯身份，不拘一格选拔人才。建立经济社会发展对专业技术人才培养的引导机制，鼓励企业与高校、科研院所联合培养人才，依托国家重大科研和重大工程项目、重点学科和重点科研基地、国际学术交流合作项目，建立“人才＋基地”“人才＋项目”“人才＋基地＋项目”的多元培养模式，以事业感召、培养、造就人才；以职业能力和创新能力为重点，完善专业技术人才继续教育体系；以提高博士后培养质量为目标，进一步优化博士后科研工作站和流动站的管理制度。加强学风建设与职业道德建设，引导专业技术人才追求科学与真理，自觉抵制心浮气躁、急功近利等不良风气，有效遏制学术造假现象，进一步净化学术环境和学术风气。

（二）创新引才引智制度

大力开发国际国内两种人才资源，破除人才引进中的体制性障碍，开辟人才引进“绿色通道”，完善人才引进服务体系。积极拓

宽引才引智渠道，鼓励通过技术引进、合作研究、项目招标、技术咨询等多种方式，引进重点产业、重点项目、重点学科、关键技术等领域紧缺急需的人才和智力。研究制定适用于引进人才的差别化扶持政策。

（三）创新评价使用制度

以深化职称制度改革为重点，实现对专业技术人才的科学评价，坚持在竞争中选拔和使用人才。完善重在业内和社会认可的专业技术人才评价机制，形成科学、分类、动态、面向全社会各类专业技术人才的职称制度。统筹专业技术职务聘任制度和职业资格制度，规范专业技术人员职业资格准入制度，依法严格管理；发展专业技术人员职业水平评价制度，提高社会化程度；完善专业技术职务任职评价制度，落实用人单位在专业技术职务聘任中的自主权。优化各类专家选拔标准、选拔程序和管理办法，建立在重大项目实施和急难险重工作中发现、识别人才的机制。落实用人单位自主权和专业技术人才的创新创业自主权，建立灵活多样的能岗匹配制度，实现专业技术人才责、权、利有机统一。

（四）创新流动配置制度

充分发挥市场在专业技术人才配置中的基础性作用，完善市场配置机制；打破专业技术人才的地区、部门、单位及身份限制，畅通流动渠道；推动户籍制度改革，消除户籍制度对专业技术人才流动的束缚，实现人户一致，户随人走；引导优秀人才向企业流动，特别是向非公有制经济组织和新社会组织流动；鼓励高等院校和科研院所的优秀人才和创新要素以技术服务、技术入股、成果转让等方式合理流动。充分发挥我省专业技术人才优势，大力开展区域合作，促进专业技术人才区域一体化发展。

（五）创新激励保障制度

深化收入分配制度改革，建立以业绩为导向的人才激励机制。制定高层次专业技术人才创新创业激励办法。建立产权激励制度，探索知识、技术、管理等生产要素按贡献参与分配的办法。健全企业人才激励机制，推行期权股权等中长期激励办法。贯彻落实事业单位岗位绩效工资制度。探索年薪制、协议工资制和项目工资制等多种分配方式。完善优秀人才奖励制度，构建多元主体奖励体系。实施知识性财产保护政策，完善科研成果权利归属和利益分享机制；加大政府对专业技术人才发明创造的扶持力度。加大知识产权宣传普及和执法保护力度。支持用人单位为有突出贡献的专业技术人才办理补充医疗保险和企业年金或职业年金。完善劳动人事争议仲裁制度，依法保障专业技术人才合法权益。

（六）创新人才投入政策

加大政府对专业技术人才队伍建设的投入力度，制定激励政策，鼓励企事业单位加大投入力度，引导外资和民间资本投入。进一步拓宽投资渠道，创新型专业技术人才金融扶持政策，探索建立创业风险投资基金。认真落实国家有关支持专业技术人才的税收优惠政策，加大对专业技术人才创新创业活动的融资支持力度。引导和支持家庭加强对专业技术人才投入。实施重大工程项目人才投入保障制度，坚持项目设计与人才计划同步进行，项目投入与人才投入同步安排。

（七）创新公共服务政策

加强对专业技术人才队伍建设的统筹规划和分类指导。开展人才需求预测，发布紧缺人才目录。建立人才公共信息网络，健全人事代理、社会保险代理、企业用工备案、劳动人事争议仲裁、人事档案管理、就业服务等公共服务平台。按照建立统一规范灵活的人力资源市场的要求，推动政府人才服务机构管理体制改革。大力发展专业化、行业性的人才市场，健全人才市场服务体系，积极培养专业化的人才服务机构。加强人才中介行业协会建设，建立统一的行业标准，促进人才市场标准化。严格人才中介服务机构市场准入制度，规范各类人才中介组织的服务行为，促进人才市场规范化。加强对人才市场监管，完善行业自律机制和诚信体系，以法律维护市场秩序，促进人才市场法制化。

五、规划实施

（一）加强组织领导

在省委、省政府领导和省人才工作领导小组指导下，由省人力资源和社会保障厅统筹协调本规划的组织实施，制定规划实施具体目标、阶段性实施方案和重大工程实施办法。制定重点目标任务的分解落实方案，层层分解任务，明确实施单位和实施部门，有计划有步骤地抓好贯彻落实。

（二）完善规划体系

各市（州）和省直主要行业部门依据中央和省中长期人才发展规划和专业技术人才队伍建设中长期规划，结合自身实际，编制本地区、本部门（系统）专业技术人才中长期发展规划，或实施细则、配套政策，提供相应的人力和财力支持，形成上下贯通、衔接配套的规划体系。

（三）做好反馈评估

建立规划实施的过程跟踪、执行监督、实施反馈、指导调节机制和中期、末期评估制度，对执行情况进行监控和协调，将规划实施效果与单位绩效评估、干部业绩考核挂钩。各地区、部门根据规划进展情况，及时反馈执行情况及有关信息。由主管部门结合规划实施中出现的新情况、新问题，研究制定切合实际的对策措施。

（四）营造良好环境

大力宣传党和国家人才工作的重大战略思想和方针政策，宣传本规划的重大意义、指导思想、指导原则、重大目标、重点任务和重要举措，宣传本规划实施过程中的典型经验、典型做法和重大成效，形成全社会关心、支持专业技术人才发展的良好社会环境。

附录 2

四川省人力资源和社会保障厅	文件
四　川　省　教　育　厅	
四 川 省 科 学 技 术 厅	
四　川　省　民　政　厅	
四　川　省　财　政　厅	
四　川　省　农　业　厅	
四川省住房和城乡建设厅	
四　川　省　文　化　厅	
四　川　省　卫　生　厅	

川人社发〔2013〕42号

关于印发四川省专家下基层行动工程实施意见的通知

各市（州）人力资源和社会保障局、教育局、科技局、民政局、财政局、农业局、住建局、文化局、卫生局，省直有关部门，中央在川单位：

为深入实施多点多极支撑发展战略、“两化”互动、城乡统筹发展战略和创新驱动发展战略，建设美丽繁荣和谐四川，切实发挥高层次专业技术人才对经济社会发展的推动作用，实现四川由经济

大省向经济强省跨越、由总体小康向全面小康跨越的奋斗目标，根据《万名专家服务基层行动计划实施方案》（人社部发〔2011〕123号）、《边远贫困地区、边疆民族地区和革命老区人才支持计划实施方案》（中组发〔2011〕23号）、《关于促进专业技术人才智力转化的若干规定》（川委办〔2010〕39号）和《四川省专业技术人才队伍建设中长期规划（2011—2020年）》（川组发〔2011〕11号）精神，我们制定了《四川省专家下基层行动工程实施意见》，现印发你们，请结合本地、本部门实际情况认真贯彻落实。

四川省人力资源和社会保障厅　　四川省教育厅

四川省科学技术厅　　四川省民政厅

四川省财政厅　　四川省农业厅

四川省住房和城乡建设厅　　四川省文化厅

四川省卫生厅

2013年7月4日

（此件主动公开）

四川省专家下基层行动工程实施意见

为贯彻落实《万名专家服务基层行动计划实施方案》《边远贫困地区、边疆民族地区和革命老区人才支持计划实施方案》《关于促进专业技术人才智力转化的若干规定》和《四川省专业技术人才队伍建设中长期规划（2011—2020年）》，发挥专家引领、带动作用，帮助基层解决实际问题，加强基层人才队伍建设，制定本实施意见。

一、指导思想

为实现四川由经济大省向经济强省跨越、总体小康向全面小康跨越的奋斗目标，建设美丽繁荣和谐四川，大力实施人才强省战略，以发挥专家作用、服务基层发展为中心，以加强基层人才队伍建设为重点，坚持以用为本、政府主导、注重实效，充分调动部门、地方、单位、专家各方面的积极性、主动性和创造性，积极引导和支持专家深入基层、深入一线，创新人才流动机制，健全专家服务基层长效机制，为我省实施多点多极支撑发展战略、“两化”互动、城乡统筹发展战略和创新驱动发展战略提供坚实的智力支撑和人才保障。

二、方式任务

根据基层经济社会发展和人才队伍建设需要，按照长期服务与短期派驻相结合，集中统一组织与分散组织相结合，大规模培训与现场指导相结合的原则，采取组织专家服务团、建设专家服务基地、对口支援、选派科技（含文化、社会工作等社会科学）特派员、签订合作协议和智力服务合同等多种方式，引导和支持具有副高级以上职称的省部级专家、高层次人才和其他急需紧缺人才，到县级单位、农村乡镇、城镇社区、中小学校、中小企业等基层一线，开展多种形式的服务活动。从2013年起，全省服务基层的专

家常年保持1 000名左右。通过专家下基层行动，破解一批基层发展关键技术难题，培养一批基层急需紧缺人才，转化推广一批应用前景良好的科技成果，开展一批服务基层社会事业公益性活动。

三、重点工程

（一）教育专家下基层行动工程

由教育厅组织实施。着眼于帮助基层提升教育教学水平，提高教师素质。组织省内优秀教师资源，充分发挥优秀教师示范带动作用，传授先进教育教学理念，进行学科教学教研，指导课堂教学，培训教学骨干，帮助基层提高教学质量。通过对口支教、组建名师讲学团、特级教师讲学团、专家团队等形式，组织优秀教师开展送教、支教下乡、专题授课活动，帮助县级教学单位和农村基层中小学校提高教育教学水平，为基层培养急需紧缺教育人才。教育专家下基层行动工程要与教育对口支援，边远贫困地区、民族地区、革命老区人才支持教师专项计划，城镇教师支持农村教育，国家级、省级教师培训等项目有机结合，统筹安排。

（二）科技专家下基层行动工程

由科技厅会同省发展改革委、省经信委、省知识产权局、省科协、有关科研院所和高校组织实施。着眼于增强基层企业自主创新、集成创新和引进消化吸收再创新能力，提升知识、技术转移转化能力和规模产业化能力，服务企业产业项目，提高县域经济的科技支撑能力和整体发展水平。通过加强各类产业园区建设、增派科技特派员，建设农业产业技术服务中心，扶持科技专家领办创办高新企业，帮助基层破解企业特别是微小企业发展中的一些关键性技术难题，扶持一批科技含量高、成长性好的产业项目，进一步促进科技成果向基层推广、向现实生产力和产业项目转化；通过组织科技专家开展技术指导、信息咨询、项目论证、联合攻关，推广新品种、新技术、新模式、新机制；通过依托“科技活动周”“科普活动月”和“科普大集”等活动载体，鼓励和支持专家帮助基层培育科技示范企业，推动科技专家与基层一线对接，拓展科技成果转化渠道。

（三）社会工作、司法专家下基层行动工程

由民政厅会同司法厅、省社科联、省社科院和有关高校组织实施。着眼于构建和谐社会和提高基层社会工作服务水平，以“助人自助”为宗旨，组织社会工作、司法专家深入基层，大力开展社工人员、司法人员工作指导和专业培训，开展社会工作实务，着力为有需要的社会成员提供系列的职业活动，努力满足基层民众的社工、司法需求。通过组织社工、司法专家下基层，帮助民众特别是困难群体提供困难救助、矛盾调处、人文关怀、心理疏导、行为矫治、关系调适、法律援助等服务，努力化解社会矛盾、促进社会和谐。

（四）农业专家下基层行动工程

由农业厅会同水利厅、林业厅、科技厅、省畜牧食品局、有关科研院所和高校组织实施。着眼于发展现代化大农业，推进农业科技创新，提升农业技术推广应用能力，促进农业增产、农民增收、农村致富，组织农业专家针对基层实际需求，深入乡村农技推广机构、农业企业、农村专业合作组织和农户，解决技术难题、培养实用人才、开发产业项目，在保障农业生产各环节中提供技术人才支撑、发挥中坚骨干作用。通过组织农业专家尤其是种植养殖、水产、林业、农机等方面专家下基层，举办农村实用技术培训班、典型示范、现场指导等形式，深入农户和田间地头；通过专家服务团、科技特派员、农业专家大院、网上答疑等形式，分层次、多渠道培训种植养殖示范户、基层农技人员，普及农业先进实用技术，帮助基层推进农业技术创新。

（五）城乡建设、旅游专家下基层行动工程

由住房城乡建设厅会同省旅游局、环保厅组织实施。着眼于加快推进新农村建设，帮助基层解决农村城镇规划、乡村旅游规划、旅游宣传策划及市场推广等人才短缺的问题，大力开展新农村建设人才、旅游实用人才培训，加强乡镇企业建筑规划管理人员培养，深入推进基层统筹城乡建设。通过组织城乡规划设计、旅游专家下

基层，帮助基层规划新农村建设和乡村旅游，着力打造个性化的旅游项目，使我省乡村旅游更具民族和文化特色，丰富农民“钱袋子”。

（六）文化专家下基层行动工程

由文化厅会同省广电局、省新闻出版局、省文联和有关高校组织实施。着眼于加快推进基层文化事业发展和公共文化服务体系建设需要，帮助基层解决文化人才短缺、群众性业余文化生活单一等问题，组织文化专家深入基层，培养文化创作人才，开展文化骨干辅导、文化活动指导等公益性服务活动，开展文化遗产保护利用、文化产业基地建设，丰富基层群众文化生活，推进基层文化事业发展。通过文化名家走基层、专业院团巡回义演等形式，组织文化专家深入基层开展系列群众文化活动，送演出、送图书、送楹联、送展览、送电影、送辅导、送数字文化资源，为基层百姓提供更多更好的精神食粮。

（七）医疗卫生专家下基层行动工程

由卫生厅会同省中医药管理局、省人口计生委、有关科研院所、医疗单位和高校组织实施。着眼于提高基层医疗卫生服务水平，深入开展高层次医疗卫生专家对口支援基层医院行动，支持基层医院学科建设，推广医疗卫生新技术新项目，进行疑难病例会诊，培训医护人员，带动基层医疗技术水平提高，为百姓就医提供便利条件。通过专家下基层服务，组建专家服务队、医疗小分队等形式，组织医疗卫生专家开展巡回医疗、义诊等活动，帮助基层解决群众看病难问题；通过开展城乡医院对口共建，推进省（市、州）医院对口支援县级医院、县级医院辐射带动乡镇卫生院活动，为基层培养急需紧缺医疗卫生人才。

四、保障措施

（一）建设服务平台

根据我省经济社会发展规划及战略布局和基层经济科技发展需要，在符合条件的经济技术开发区、创业园区、高新技术企业、基层科研机构、行业协会、城镇社区、农村县区等设立专家服务基地，从2013年起，省上每年新建省级专家服务基地3～5个，承接专家智力资源转移。以基地为平台组织专家进行项目研发、成果转化推广、合作攻关、培养人才、技术咨询等。加强供需信息库网建设，为专家服务基层提供信息保障，并做好专家智力供需项目的有效对接与实施工作。

（二）健全激励机制

凡经单位或上级部门派遣的公益性智力转化，受援者无偿接受专家智力和技术服务，援助专家不得从中获取经济利益，派员单位或行业主管部门按因公出差报销援助专家差旅费，有条件的单位可适当给予工作和生活补助。经组织派遣担任科技特派员、对口支援、参加专家服务团的，原工作岗位、工资福利、奖金等保留不变，取得的工作业绩作为晋升岗位等级、职称评审、专家评选、岗位聘用的重要依据。

经单位同意或备案，以兼职方式开展市场化智力转化的，原工作岗位、工资福利、奖金等保留不变；兼职工作业绩按50%～100%折合成在岗工作量，一并计算为年度工作总量，作为晋升岗位等级、职称评审、专家评选、岗位聘用的重要依据；其智力转化形成的个人专利和技术成果，按供需双方事前协议或法律法规办理。

对辞聘领（创、联）办企业进行智力转化的，按规定参加当地社会保险，社会保险关系按照国家有关规定办理转移接续，其原在机关事业单位工作年限可视为养老保险缴费年限。

专家在基层领（创、联）办高新技术企业、服务实体或合作组织等，符合条件的可享受国家有关高新技术、产业税收、支农优惠和企业研发费用加计扣除等优惠政策，按照国家有关规定给予期权、股权激励。

对在专家下基层行动工程中做出突出贡献的单位和个人，可按照国家有关规定予以表彰奖励；对为基层做出突出贡献的专家，同等条件下优先纳入国家和省级各类重点人才选拔培养奖励资助项

目等。

（三）提供经费保障

省级财政设立专业技术人才队伍建设专项资金，重点资助一批专家服务基层项目，并对新批准建立的省级专家服务基地给予一定资助。各市（州）和县级财政部门也要为实施专家下基层行动工程提供适当的经费支持。各实施单位或部门要根据实际选派和服务情况，合理核定各项费用，将实施专家下基层行动工程的工作经费纳入本单位或部门经费预算。有关部门原有项目纳入专家下基层行动工程的，项目经费按原办法继续执行，可根据实际情况适当调整标准。

科技特派员、对口支援、长期智力援助的工作经费由选派单位统筹安排，主要用于选派人员到艰苦地区的工作补助、交通差旅费用、保险及培训费用等；专家服务团工作经费由组织实施单位统筹安排，主要用于专家服务团基层集中服务期间专家食宿费、交通差旅费、设备场地租用费、保险及培训费等。

五、工作要求

（一）切实加强组织领导

专家下基层行动工程由各级人力资源和社会保障部门负责牵头抓总，农业、科技、教育、卫生、文化、住房城乡建设、民政等部门密切配合，各司其职，各负其责。人力资源和社会保障厅负责全省专家下基层行动工程的宏观指导、考核监督、综合协调、联络沟通、情况汇总等工作。市（州）人力资源和社会保障局和省直有关部门结合职能职责和基层需求，研究制定本地区、本部门专家下基层行动工程的具体实施方案（报人力资源和社会保障厅备案），并抓好组织实施工作。实施过程中，要建立健全专家下基层工作责任制，将专家下基层与专业技术人才智力转化实施情况，纳入本地区或本部门人才工作目标内容进行考核。

从 2013 年起，各市（州）每年 12 月底前，拟定下年度“专家智力需求项目方案”，径报省直相关部门对接，并报人力资源和社会保障厅备案。人力资源和社会保障厅适时组织对各地各部门上年度专家下基层情况进行绩效考核。

（二）切实创造良好条件

专家相对集中的科研院所、高校和企业，要把专家服务基层工作列入重要议程，积极创造良好条件，大力支持专家服务基层；具有副高级以上职称的省部级专家、高层次人才要积极参加公益性的专家下基层服务活动，专家所在单位要明确专家每年下基层服务的时间；要制定细化的内部管理制度，妥善处理本职与兼职关系，明确职务成果与个人成果归属，切实保护知识产权；要在不损害国家和单位利益前提下，积极鼓励和支持专家领办、联办高新企业或以专家的成果、技术、智力入股，支持专家以兼职方式到县、乡、农户、企业作智力顾问和星期天工程师。基层单位要选派得力助手或组建专门团队，配备精干工作人员，确保专家在基层顺利开展工作。

（三）切实加强舆论宣传

各地区各部门要充分利用报刊、广播、电视、网络等新闻媒体，通过开辟专刊、专栏、专题等形式，大力宣传专家下基层活动；要及时总结宣传专家下基层行动的典型经验和先进事迹，大力弘扬专家扎根基层、无私奉献、心系群众、勇于实践的崇高精神，充分发挥先进典型的示范带动作用，形成全社会关心、支持专家服务基层的良好氛围。

四川省专家服务基地建设管理试行办法

为加强和规范四川省专家服务基地（以下简称基地）建设，保障我省专家下基层行动工程顺利推进，根据人力资源和社会保障部《万名专家服务基层行动计划实施方案》（人社部发〔2011〕123号）和人力资源和社会保障厅等九部门《四川省专家下基层行动工程实施意见》的规定，制定本办法。

一、主要任务

以发挥专家作用、服务基层发展为中心，发挥桥梁纽带作用，对接基层需求与专家资源，组织对口专家开展技术咨询、合作研究、成果转化推广、培养基层急需紧缺人才，引导高等院校、科研院所专业技术人才向基层一线有序流动。

二、申报对象

基地一般由符合条件的市（州）和县（市、区）有关部门，高新技术开发区、经济技术开发区、创业园区，有独立法人资格的科技企业，城镇社区、农村县区等基层企事业单位、行业协会和农村合作组织等申请设立。

三、申报条件

申请基地须满足下列条件：

（一）基地依托单位及周边地区有较密集的智力资源，能组织一定区域、行业内基层单位或农户等，提出技术攻关、项目合作、成果转化推广、人才培养等需求，能联系组织相关领域专家或专家团队到基地或基层单位开展对口服务活动；

（二）申报单位所在的人民政府、主管部门或中央在川单位高度重视基地建设工作，制定出台有相关配套政策，对基地建设能提供一定的经费保障；

（三）申报单位具有办好基地的人员、经费、办公场地、管理制度、远景规划、工作计划等软硬件条件；

（四）企业申请设立基地的，须具有独立法人资格，经营运行状况良好，拥有水平较高、结构合理的专业技术人才队伍，具有较强的研发能力。

四、申报程序

基地申报工作每年开展一次，基本程序为：

（一）基层单位按照行政隶属关系逐级向上提出申请；

（二）人力资源和社会保障厅通过审核申请材料、实地考察、组织专家评审、审定产生基地名单；

（三）人力资源和社会保障厅与基地所在的市（州）人民政府、省直主管部门或中央在川单位签订共建协议，人力资源和社会保障厅向申报单位颁发“四川省专家服务基地”标牌。

非公经济组织申报工作，由所在地人力资源和社会保障部门统一组织。

五、基地运行

基地按公益性无偿服务与市场化有偿服务相结合原则，采取集中组织、分散组织等多种服务方式运行。省财政一次性给予基地20万元启动经费，用于补贴专家在基地公益性服务期间发生的办公经费、交通差旅费和食宿费等。基地日常运行费用和专家服务费用差额部分，由各地各部门负责解决。进驻基地专家采取柔性流动和动态管理方式，其服务时间、方式、报酬及其他事项，由基地或智力需求方与专家或专家所在单位按平等自愿、互惠互利原则协商确定。

六、管理与评估

人力资源和社会保障厅作为政府人才工作综合管理部门，是基地管理归口部门，负责宏观指导全省基地建设发展，制定完善基地

建设政策措施和审定设立、监督管理等。基地依托单位具体负责基地的建设和运行管理，落实管理人员、场所和运行经费，为聘请专家开展工作创造良好条件。

各有关市（州）人力资源和社会保障局、省直有关部门和中央在川单位，通过现场考察、召开座谈会、听取专家意见建议等方式，对基地进行跟踪服务，及时研究解决基地建设中存在的困难和问题。

人力资源和社会保障厅对基地实行定期评估，重点评估基地整体运行状况、技术创新、成果转化推广、团队建设及基层急需紧缺人才培养等情况。对基地建设较好，取得重大科研成果或为经济社会发展做出突出成绩的予以表彰或奖励；对管理不善、评估不合格的予以警告、限期整改；限期整改无法达到评估要求的，不再列入基地名单。

四川省人力资源和社会保障厅办公室　　　2013 年 7 月 4 日印发

后　记

根据2012年四川省人力资源和社会保障工作会议精神，在推动实施专业技术人员知识更新工程的同时，坚持开展专业技术人员公需科目继续教育培训。自2003年《四川省专业技术人员继续教育条例》颁布实施以来，我省先后开展了“高新科技知识”“知识产权保护”“低碳经济”等公需科目继续教育；在当前大力推动创新创业型人才培养和我省建设西部人才高地的时代背景下，加强专业技术人才职业道德和创新能力建设尤为重要。2011年，四川省人力资源和社会保障厅开展公需科目需求调研以后，结合实际，拟定了“职业道德和创新能力建设”课题，并委托四川大学、四川省社会科学院的专家编写了《职业道德和创新能力建设读本》，作为我省专业技术人员继续教育公需科目培训教材。

在四川省人力资源和社会保障厅专业技术人员管理处的指导下，各类专家学者组成课题组，对四川省专业技术人才队伍发展面临的问题进行了深入细致的调研，特别是针对当前职业道德建设和创新能力培养的具体现状进行了分析，并提出了一些对策和建议。希望这些对策和建议能够促进西部人才高地的建设，并有效支撑四川省经济社会发展。

四川大学张苹编审、省社科院柴剑峰副研究员主持此项工作。参与调研和编写的具体人员分工是：柴剑峰——绪论，李晓涛——第一章和第二章，操圣宁——第三章和第四章，张霞、柴剑峰——第五章至第八章。张苹编审负责全书的纲要设计和统稿工作。操圣宁和韩江雪负责全书的编校工作。

本书在编写过程中，得到了四川省委组织部、四川省工商联合

会、成都市团委、成都市高新技术孵化园区等单位的大力支持；四川大学历史文化学院院长霍巍教授，四川大学继续教育学院（国家级专业技术人员继续教育基地）院长侯太平教授、李建国书记，省人力资源和社会保障厅专业技术人员管理处谌能先生多次对本课题进行指导；中国科学院曾明彬博士、成都市政研室李文星博士对课题提出了非常宝贵的建议，在此一并表示感谢。

由于编写时间匆促，难免存在不足和疏漏之处，敬请读者提出宝贵意见，我们将不断修订、完善。

本书编写组

2013 年 12 月